HUMANITIES AND SOCIETY

对知识的恐惧

反相对主义和建构主义

Paul Boghossian

[美国] 保罗·博格西昂 著　刘鹏博 译

译林出版社

图书在版编目（CIP）数据

对知识的恐惧 反相对主义和建构主义／（美）博格西昂（Boghossian, P.）著；刘鹏博译．—南京：译林出版社，2015.10（2025.1重印）
（人文与社会译丛／刘东主编）
书名原文：Fear of Knowledge: Against Relativism and Constructivism
ISBN 978-7-5447-5688-4

Ⅰ.①对…　Ⅱ.①博… ②刘…　Ⅲ.①知识学　Ⅳ.①G302

中国版本图书馆 CIP 数据核字（2015）第 192738 号

著作权合同登记号　图字：10-2019-713 号

对知识的恐惧 反相对主义和建构主义 ［美国］保罗·博格西昂 ／ 著　刘鹏博 ／ 译

责任编辑　陶泽慧
装帧设计　胡　苨
责任印制　董　虎

原文出版　Oxford University Press, 2006
出版发行　译林出版社
地　　址　南京市湖南路 1 号 A 楼
邮　　箱　yilin@yilin.com
网　　址　www.yilin.com
市场热线　025-86633278
排　　版　南京展望文化发展有限公司
印　　刷　江苏凤凰数码印务有限公司
开　　本　880 毫米 × 1230 毫米　1/32
印　　张　4.625
版　　次　2015 年 10 月第 1 版
印　　次　2025 年 1 月第 3 次印刷
书　　号　ISBN 978-7-5447-5688-4
定　　价　59.00 元

主 编 的 话

刘 东

总算不负几年来的苦心——该为这套书写篇短序了。

此项翻译工程的缘起，先要追溯到自己内心的某些变化。虽说越来越惯于乡间的生活，每天只打一两通电话，但这种离群索居并不意味着我已修炼到了出家遁世的地步。毋宁说，坚守沉默少语的状态，倒是为了咬定问题不放，而且在当下的世道中，若还有哪路学说能引我出神，就不能只是玄妙得叫人着魔，还要有助于思入所属的社群。如此嘈嘈切切鼓荡难平的心气，或不免受了世事的恶刺激，不过也恰是这道底线，帮我部分摆脱了中西“精神分裂症”——至少我可以倚仗着中国文化的本根，去参验外缘的社会学说了，既然儒学作为一种本真的心向，正是要从对现世生活的终极肯定出发，把人间问题当成全部灵感的源头。

不宁惟是，这种从人文思入社会的诉求，还同国际学界的发展不期相合。擅长把捉非确定性问题的哲学，看来有点走出自我囿闭的低潮，而这又跟它把焦点对准了社会不无关系。现行通则的加速崩解和相互证伪，使得就算今后仍有普适的基准可言，也要有待于更加透辟的思力，正是在文明的此一根基处，批判的事业又有了用武之地。由此就决定了，尽管同在关注世俗的事务与规则，但跟既定框架内的策论不同，真正体现出人文关怀的社会学说，决不会是医头医脚式的小修小补，而必须以激进亢奋的姿态，去怀疑、颠覆和重估全部的价值预设。有意思的是，也许再没有哪个时代，会有这么多书生想要焕发制度智慧,这既凸显了文明的深层危机,又表达了超越的不竭潜力。

于是自然就想到翻译——把这些制度智慧引进汉语世界来。需要说明的是,尽管此类翻译向称严肃的学业,无论编者、译者还是读者,都会因其理论色彩和语言风格而备尝艰涩,但该工程却绝非寻常意义上的"纯学术"。此中辩谈的话题和学理,将会贴近我们的伦常日用,渗入我们的表象世界,改铸我们的公民文化,根本不容任何学院人垄断。同样,尽管这些选题大多分量厚重,且多为国外学府指定的必读书,也不必将其标榜为"新经典"。此类方生方成的思想实验,仍要应付尖刻的批判围攻,保持着知识创化时的紧张度,尚没有资格被当成享受保护的"老残遗产"。所以说白了:除非来此对话者早已功力尽失,这里就只有激活思想的马刺。

主持此类工程之烦难,足以让任何聪明人望而却步,大约也惟有愚钝如我者,才会在十年苦熬之余再作冯妇。然则晨钟暮鼓黄卷青灯中,毕竟尚有历代的高僧暗中相伴,他们和我声应气求,不甘心被宿命贬低为人类的亚种,遂把迻译工作当成了日常功课,要以艰难的咀嚼咬穿文化的篱笆。师法着这些先烈,当初酝酿这套丛书时,我曾在哈佛费正清中心放胆讲道:"在作者、编者和读者间初步形成的这种'良性循环'景象,作为整个社会多元分化进程的缩影,偏巧正跟我们的国运连在一起,如果我们至少眼下尚无理由否认,今后中国历史的主要变因之一,仍然在于大陆知识阶层的一念之中,那么我们就总还有权想象,在孔老夫子的故乡,中华民族其实就靠这么写着读着,而默默修持着自己的心念,而默默挑战着自身的极限!"惟愿认同此道者日众,则华夏一族虽历经劫难,终不致因我辈而沦为文化小国。

一九九九年六月于京郊溪翁庄

献给我的母亲

梅莉娜·雅勒内齐安·博格西昂

前　言

哲学观念很少在学术界的广大知识社群中获得普遍认同。由于哲学本身的性质,哲学上的论断往往涉及面广、概括性强,也因此容易引发争论。

然而,大约在过去的二十年里,学术界(至少是人文与社会科学界,即便不算科学界的话)对一个有关人类知识的观点达成了惊人的共识。这个观点就是:知识是由社会建构的。

"社会建构"虽然是相对较新的术语,但我们将会看到,它背后的想法牵涉到的,其实是有关心灵与实在两者之间关系的古老问题。这些问题也是最初吸引我投入哲学的原因。

如果本书对理查德·罗蒂的著作投入的关注显得过多,这不仅仅是因为罗蒂对当代建构主义观点的巨大影响,也因为我是在罗蒂的研讨班上,才第一次领会到那些观点的力量。那是在 1979 年,我还是普林斯顿大学的一年级研究生。这些观点同我自身强烈的客观主义倾向(源于我大学的物理学背景,也伴随着我进了研究院)产生了激烈的冲突,然而我发觉,至少有某些建构主义观点(理性信念的建构主义)的论证令人焦虑不安。我还认为,学院哲学对于这些论证的驳斥过于草率。我一直都很感激罗蒂让我认识到同这些观念打交道确实是有必要的。 vi

因为本书讨论的问题已经吸引了广泛的读者，我力图让这本书不仅能被职业哲学家理解，也能被任何看重严肃论证的读者理解。我虽然不知道自己在这方面成绩如何，但我可以确定自己以前严重低估了这项任务的难度。

因此，本书的写作时间远超预期。在这个过程中，我从许多朋友、同事以及学生的评论中获益良多，特别是以下这些人：内德·布洛克、詹妮弗·丘奇、斯图尔特·科恩、安娜丽莎·科利瓦、保拉·法里亚、阿布阿里·法曼法迈安、基特·费恩、艾伦·吉伯德、安东尼·葛特莱布、伊丽莎白·哈曼、保罗·霍维奇、保拉·莱奥纳尔迪、迈克尔·林奇、安娜—莎拉·马尔姆格伦、托马斯·内格尔、拉姆·尼塔、德里克·帕菲特、詹姆斯·普赖尔、斯蒂芬·希弗、尼西滕·沙阿、阿兰·索卡尔、丹·斯佩柏、戴维·魏勒曼、罗杰·怀特，以及牛津大学出版社的一位匿名评审。迈克尔·斯坦伯格为我提供了美学上的建议；马修·柯岑帮助我准备本书的平装版；戴维·詹姆斯·巴奈特编写了索引；约书亚·谢克特仔细检查了书稿，并同我进行了许多小时的愉快谈话，探讨这些问题和其他问题，在此一并致谢。我对文理学院院长理查德·弗利、教务长戴维·迈克劳克林和校长约翰·塞克斯顿怀有一份特殊的谢意，不仅因为他们对我的研究的支持，也因为他们对纽约大学杰出的哲学系的
vii 支持。最后，感谢塔姆辛·萧对我的鼓励和建议。*

* 利用本书平装版出版的机会，我补充了两条注释，跟本注释一样用星号标示。这些注释澄清了上一版本中一些不甚清楚的地方。

目　录

第一章　导论　001

第二章　知识的社会建构　009

第三章　建构事实　022

第四章　事实的相对化　037

第五章　捍卫认识相对主义　052

第六章　反驳认识相对主义　073

第七章　解决两难困境　086

第八章　认识理由和信念的解释　101

尾　声　117

参考文献　119

索　引　123

译后记　127

第一章
导　论

同等有效论

1996年10月22日的《纽约时报》头版有一篇不同寻常的报道，题为“印第安部落的创世论者阻挠考古学家”。该文讲述了两种对美洲土著起源的解释之间的冲突。一方面，根据证据充足的、标准的考古学解释，人类在大约一万多年前，从亚洲经白令海峡到达美洲。另一方面，根据某些美洲土著的创世神话，美洲人来自地下的精灵世界，从祖先到达地面的那一天起，他们就已经生活在美洲的土地上了。正如夏安河苏族（一支主要活动在伊戈尔比特的印第安拉科塔部落）的官方人员塞巴斯蒂安·勒博所说：

> 我们知道自己是从哪儿来的。我们是布法罗人的后裔。在超自然的精灵们准备好让人类生活的地面世界之后，布法罗人就从地底来到了地面。如果非印第安人相信人是从猿猴进化来的，那就由他们去吧。但是我还真没见过几个相信科学和进化论的拉科塔人。 1

《纽约时报》的报道指出，很多考古学家在对科学方法的信奉和对土著文化的欣赏之间游移不定，“（他们）被逼向后现代相对主义，认为科学无非是又一个信念系统”。从事祖尼部落研究的英国考古学家罗杰·安杨说道：

> 科学只是诸多了解世界的方式之一。（祖尼族的世界观）和考古学家对史前史的看法一样有效。

据称还有一位考古学家，爱荷华大学的拉里·齐默曼博士，正在提倡一种“介于西方式的和印第安式的认识方式之间的另类科学”。齐默曼博士还补充道：

> 我个人认为，作为一种认识世界的方式，科学不具有任何优越的地位。

这些言论固然引人注目，但要不是它们代表的哲学观点的巨大影响，就只不过是一时的谈资而已。那种认为“存在着许多同样有效的认识世界的方式”，而科学只是其中之一的观点，在当今世界，特别是学院内部（但其影响也不可避免地扩展到学院以外），已然根深蒂固。在诸多人文和社会科学领域，这种知识的“后现代相对主义”已经成为正统。我（尽可能中立地）称这种观点为同等有效论：

> 认识世界的方式多种多样，内容迥异却同等有效，而科学只是其中一种方式。

2 不少学者都支持同等有效论的基本理念，以下是一些有代表性的例子：

> 当我们意识到我们的认识方式都是约定俗成的和人为的，就可以知道，原来我们的知识并非源于客观实在，而是源于我们自身。①

> **第一世界的科学只是诸多科学中的一种……**②

> 在相对主义者看来，把某些标准和信念当作是真正合理的，把另一些只当作是被部分人认同的，这样的区分是毫无道理的。相对主义者认为没有理性规范能够独立于语境，或者超越特定文化，所以在他看来，合理性和不合理性之间并没有质的区别。③

类似的言论不胜枚举。

为什么同等有效论看起来十分极端且不符合直觉呢？

这大概是因为，一般而言我们都认为，事实问题（例如美洲史前时期的问题）的答案独立于我们自身和我们的相关信念。我们可能会说，美洲土著从何起源，是一个**客观**事实。

在涉及判断的领域，我们并不一定总是这种**事实客观主义者**。例如在道德领域，很多人，包括哲学家，都有相对主义的倾向：他们认为有许多界定善恶的道德准则，但没有什么客观事实依据使得某些道德准

---

① Steven Shapin and Simon Schaffer, *Leviathan and the Air-Pump: Hobbes, Boyle and the Experimental Life* (Princeton: Princeton University Press, 1985).

② Paul Fayerabend, *Against Method* 中文版导论，再版于 Fayeabend, *Against Method*, 3 edn. (New York: Verso, 1993), 3，强调字体为原文所加；引用于 Alan Sokal and Jean Bricmont, *Fashionable Nonsense: Postermodern Intellectuals' Abuse of Science*, (New York: Picador USA, 1998), 85。

③ Barry Barnes and David Bloor, "Relativism, Rationalism and the Sociology of Knowledge," in *Rationality and Relativism*, ed. by Martin Hollis and Steven Lukes (Cambridge, Mass.: The MIT Press, 1982), 21—47.

3 则比其他的更为“正确”[①]。除此之外，还有美学领域（有关什么是美的，什么是具有艺术价值的）的相对主义者。这些关于价值问题的相对主义立场当然是可以争论的，也确实正在争论中。然而，就算这些立场最终都是错误的，它们却并不显得荒谬怪诞。但是对于事实问题，例如美洲土著的起源，我们则会认为当然有客观的答案。

我们可能并不知道这个客观事实是什么，但对问题的兴趣会驱使我们去探索。我们有一系列的工具和方法——观察、逻辑、最佳解释推理，诸如此类，但茶叶或者水晶球占卜则不在其列。在对事实问题的探究中，这些方法是形成理性信念的唯一合法途径。这些方法不仅是我们所说的“科学研究”中常用的方法，也是在日常生活中探求知识时常用的方法。正是通过应用这些方法，我们才得出“美洲土著的祖先从亚洲跨越白令海峡，来到美洲大陆”的看法。这一看法当然可能是错误的，但在已有证据的基础上，它是最合理的看法——至少我们一般会这样认为。

因为相信以上这些，我们遵从科学的指导：在决定学校的课程、法庭中的证据，乃至社会政策的基础时，我们都赋予科学以优越的地位。我们认为，什么是真实的，乃是事实问题。我们只愿意接受那些真实性有足够理由保证的主张，而且在我们看来，至少在纯粹的事实领域，对于什么是真实的，科学是获得合理信念的唯一途径。正因如此，我们遵从科学。

但是，如果这种遵从是正确的，那么科学知识就应当处于优越地位。换言之，科学不应该只是诸多内容迥异却同等有效的认识世界的方式中的普通一员。这是因为，如果科学不处于相对优越的地位，那么
4 我们就不得不把考古学和祖尼族的创世论，把进化论和基督教的创世

① 对道德相对主义的辩护，参见吉尔伯特·哈曼所撰章节，收于 Gilbert Harman and Judith Jarvis Thomson, *Moral Relativism and Moral Objectivity* (Cambridge, Mass.: Blackwell Publishers, 1996)。

论，等量齐观，一视同仁——然而这恰恰是越来越多的学者们赞同的立场，而且在学院之外，这种立场的影响也日益扩大。[①]

因此，同等有效论是非常重要的学说，其重要性并不仅限于象牙塔之内。如果这个被人文和社会科学家广泛接受的学说是正确的，那么我们不只是犯了只有少数知识论专家才感兴趣的哲学错误；我们是在根本上误解了社会应当遵循的组织原则。因此，搞清楚这一学说是否正确对我们来说至关紧要。

知识的社会建构

同等有效论既极端，又违反直觉，那为什么今天学者们会对其深信不疑呢？

这种现象主要是起源于学术因素还是意识形态方面的因素，确实耐人寻味。毫无疑问的是，两种因素都起到了一定作用。

从意识形态的角度讲，同等有效论风行一时，跟它诞生在后殖民时代关系密切。殖民扩张的支持者常常借口被殖民者可以学习到西方先进的科学和文化，以此来为殖民辩护。今天的道德风气已经与殖民时代大相径庭，所以，（正确地）指出以传播知识之名来奴役他人在道德上是站不住脚的，或者更进一步，宣称没有更高级的知识，只有不同的知 5
识，而且不同的知识适应于各自的背景环境，看上去都很合时宜。

从学术的角度讲，很多学者支持同等有效论，是因为他们认为今天最杰出的哲学思想已经扫除了（前文提及的）直觉客观主义的知识和理性的概念，代之以能支持同等有效论的知识概念。这是怎样的概念呢？

以下文字精要地总结了所谓“后现代”知识概念的核心：

① 谨慎的读者请注意：为了先介绍我想讨论的问题，我这里对于某些复杂的领域只是一带而过。后文将引入重要的区分和限定。

> 女性主义的认识论学者，如同当代认识论的很多其他阵营一样，不再认为知识是对独立存在的现实的中立、透明的反映，也不再认为对真理和谬误的分辨是基于超验的理性评估。相反，他们大都认为，知识全都是情境化的知识，反映了知识生产者在特定历史时期、特定的物质和文化环境中的立场。①

根据这个核心理念，信念是真是假，不在于它是否与“独立存在的现实”相一致；信念是否合理，也不在于它是否得到了“超验的理性评估”的支持。相反，信念是否是知识，必须（至少部分地）取决于它所产生（或维持）的偶然的物质和文化背景。我将把任何包含这一核心理念的知识概念称为**依赖社会**的知识概念。

在近来诸多宣称知识依赖于社会的理论中，最有影响的版本都是用**社会建构**这个常见术语来表述的。这些理论声称，所有的知识都依
6 赖于社会，因为它们都是社会建构的产物。所以，在后文中我将尤其关注**社会建构主义**的知识概念。

无论社会依赖性究竟有什么样的理论根基，显而易见这样的知识概念可以支持同等有效性。如果信念能否成为知识完全取决于产生信念的偶然的社会背景，那么我们的知识似乎对于祖尼人来说就不一定是知识，尽管双方能够获取的信息是一样的（详见下文）。

学院中的哲学

我在上文强调了建构主义思潮对人文和社会学科的影响。但是事实上，有一个人文学科所受的影响很微弱，即哲学学科本身，至少是在英语世界的主流分析哲学界是这样。

① Kathleen Lennon, “Feminist Epistemology as Local Epistemology,” *Proceedings of the Aristotelian Society, Supplementary Volume* 71 (1997):31.

这倒不是说分析哲学家们都不支持这些观念；恰恰相反，相当一部分最著名的分析哲学家可以被建构主义者引为同道。信手拈来些例子：路德维希·维特根斯坦、鲁道夫·卡尔纳普、理查德·罗蒂、托马斯·库恩、希拉里·普特南，以及尼尔森·古德曼。这些哲学家们也可以引证许多学术先辈。

伊曼努尔·康德有个很著名的说法，即我们认识的世界不能独立于我们用来认识世界的概念。大卫·休谟质疑我们是否有一套确定无误的认识法则来解释什么样的信念是合理的。按照某种解读，弗雷德里希·尼采的著作则质疑了我们是否有任何信念只是基于证据的，而 7
不是基于影响我们的各种非认知性动机的（比如自利或者意识形态）。

然而，尽管有这些哲学先贤，尽管他们今天依然备受重视，我们依然可以不失公允地说，当今英语世界的主流哲学圈并没有广泛接受这种反客观主义的知识和理性概念。

因此，学院哲学界愈发成为了人文和社会学科中的异类，在美国的大学校园里，这种紧张而尖锐的关系促生了“科学战争”这样的标签。

同情后现代主义的学者们抱怨说，修正传统知识概念的理由早就已经相当充足，而新的观念没有被广泛接受，无非是因为人们已经习惯教条，顽固不化。[①] 另一方面，传统主义者则对于他们具有哲学头脑的人文社科同事不屑一顾，认为后者的立场只是出于政治正确的需要，而非真正的哲学卓见。[②]

① 例如，参见 Barbara Herrnstein Smith, “Cutting-Edge Equivocation: Conceptual Moves and Rhetorical Strategies in Contemporary Anti-Epistemology,” *South Atlantic Quarterly* 101, no. 1 (2002): 187—212。

② 传统主义者的一员，专业物理学家兼反相对主义的哲学家阿兰·索卡尔甚至给一家重要的文化研究杂志投了一篇恶搞文章，文中充满科学和哲学的愚蠢错误。对后现代主义阵营来说不幸的是，他这篇标题荒诞的文章被该杂志高调发表。参见 Alan Sokal, “Transgressing the Boundaries: Towards a Transformative Hermeneutics of Quantum Gravity,” *Social Text* 46/7 (1996): 217—252 and Paul Boghossian, “What the Sokal Hoax Ought to Teach Us,” *Times Literary Supplement*, December 13, 1996, 14—15。对索卡尔

正是在这样的背景下，我开始写作本书。我的目的是厘清建构主
8 义者及其论敌的争议所在，并勾勒出这些议题所处的背景框架。我没
有穷尽一切的野心，也不会逐一考察相关文献中出现的所有观点和论
证。我只想单独抽取三种观点，在我看来，它们代表了知识建构主义最
有趣的可能形式。随后我将逐一考察它们是否真有道理。

第一种观点是真理的建构主义；第二种是合理性的建构主义；第三种则是关于在解释我们为何持有某些信念时，社会因素起到了什么作用。

因为每种观点都有重要而复杂的哲学史背景，所以不能奢望这一
册小书给它们全都盖棺论定。但我将试图证明，它们都面临着非常有
力的反驳，这些反驳可以帮助我们了解为什么今天的分析哲学家们依
9 然摒弃这些观点。

事件的进一步讨论，参见由 *Lingua Franca* 的编者编著的 *The Sokal Hoax: The Sham that Shook the Academy* (Lincoln, Nebr.: University of Nebraska Press, 2000)。

第二章

知识的社会建构

信念、事实和真理

在深入讨论之前，不妨先介绍几个重要的术语，以便系统地描述我们的认知活动。

上文我提到我们和祖尼人有不同的信念，但具有信念究竟是怎么一回事呢？

信念是一种心灵状态。但如果我们要刨根问底，弄清楚它是怎样的心灵状态，就会发现其实也不大容易。我们当然可以用别的词语来解释信念，但这些词语本身也需要进一步的说明。比如可以说，我们相信木星有十六颗卫星，就意味着在我们**看来**，在这个世界里木星有十六颗卫星；或者意味着我们把世界**表征**为某种形式，根据这种表征，世界上的某个特定的天体有十六颗卫星。

尽管我们可能无法把信念分析成其他不同的概念，但显而易见的是，信念有三个必要的层面。首先，信念都有**命题内容**；其次，信念都可 10
以被评判为**真**或**假**；再次，信念都可以被评判为**证成的**或者**未证成的**，**合理的**或者**不合理的**。

比如玛戈的信念，木星有十六颗卫星。我们可以用下面的句子表述她的这个信念：

玛戈相信木星有十六颗卫星。

可以说，玛戈的信念的**命题内容**是：木星有十六颗卫星。

信念的命题内容指示了根据这个信念，世界是怎样的。换言之，它指示了**真值条件**，即如果这个信念为真，那么世界应该是怎样的。所以

玛戈的信念，木星有十六颗卫星，为真当且仅当木星有十六颗卫星。

或者换种说法：玛戈的信念为真当且仅当**事实上**木星有十六颗卫星。

推而广之，我们可以说：S 的信念 p 为真当且仅当 p。

在这个双重蕴含句中，左边的句子指出 S 的一个信念为真，右边的句子则描述了假若这个信念为真，事实情况应该如何。

命题内容（或者简单地说，命题）是由**概念**组成的。因此，如果某人相信木星有十六颗卫星，他就必须掌握组成这个命题的概念，即**木**
11 **星**、**有**、**十六**、**卫星**这些概念①。

这样一来，我们就可以用另一个与先前等效的方式来表述信念的真假：木星有十六颗卫星这个信念为真当且仅当主词的概念（即**木星**）所指称的对象，具有谓词的概念（即**有十六颗卫星**）所指称的属性。那么，因为该对象实际上并没有相关属性（木星的卫星实际上超过三十

① 同常规一样，本书中带引号的词语指示词语本身。黑体加着重号的词语则用来指示该词语表达的概念。这种对命题的理解大体上是弗雷格式的，也是我个人更接受的。但是，本书的论证不依赖于对命题的理解是弗雷格式，还是密尔式的，后者认为命题的组成部分是世界上的物体，比如木星本身。对于这两种观点的进一步讨论，参见 Saul Kripke, *Naming and Necessity* (Cambridge, Mass.: Harvard University Press,1980)。

颗),该信念就是假的。

普遍性、客观性、心灵独立性

我刚才断言了木星的卫星实际上超过三十颗。显然,仅仅做出这样的断言,并不足以使其为真,否则就不可能有错误的断言了。如果我刚才的断言是真的,那不仅是因为我这样断言,也是因为**事实上**木星有超过三十颗的卫星。为了方便讨论,让我们先假设我的断言确实为真(也就是说,假设它对应的事实成立)。

这里有一个有趣的问题:从事实上木星有超过三十颗卫星,我们能否合理地推论出,**对于每个人**来说,对于所有的社群来说,木星有超过三十颗卫星都是**事实**?

答案取决于“对每个人都是事实”这个短语到底是什么意思。如果“对每个人都是事实”意味着每个人都**相信**这个事实,则显然木星有超过三十颗卫星并非对每个人都是事实。因为有的人可能从来都没想过这个问题;有的人可能想过,却得出了相反的结论。在这个非常琐碎的意义上,我相信某些事实,而其他人并不相信,所以某些事实对我来说是事实,对他人不是。

也许在说“木星有超过三十颗卫星并非对每个人都是事实”时,我们的意思更为深刻:“木星有超过三十颗卫星”这个事实,在某种意义上对我**成立**,但对你不**成立**。但倘若如此,这种意义就颇为费解。毕竟,我相信的命题不是:

> 对我来说,木星有超过三十颗卫星。 12

而是无关个人的命题

木星有超过三十颗卫星。

所以,假如这个信念确实是真的,那么看上去相应的事实必须对每个人都成立,无论他们是否愿意相信。

那么在直观上,木星有超过三十颗卫星这个事实就是个**普遍**的事实,并不因个人或者社群的不同而不同。

与之相反,大声哧溜地吃面很粗鲁,就不是普遍事实:它在美国成立,但到日本就不成立了(在下文中,我们将讨论如何具体地表述这种可变性)。

至于木星有超过三十颗卫星这一事实,我们可以更进一步地说,它不仅仅是普遍的,还完全是**独立于心灵**的:即使人类不存在,它依然成立。

与此相反,世界上有货币就并非独立于心灵的事实:如果没有人类,没有人类交换货物的意向,货币是不会存在的。

普遍性和心灵独立性是两个重要的客观性概念。我们还可以引入更加具体的概念。例如,我们可以进一步追问,依赖于心灵的事实是否还依赖于信念:这个事实的成立是否依赖于某人相信不相信?或者,它是否还依赖于社会:这个事实是否只在某些有特定组织形式的社群中成立?在后文讨论各种争论时,我都会先说清楚,在争论里究竟是哪种客观性的概念受到攻击。

合理的信念

让我们回到对信念的讨论。前面提到,我们可以把信念评定为真
13 或者假。但我们还可以从另一个角度评估信念。玛戈告诉我们,她相信木星有十六颗卫星,这时我们会想知道,她的信念是**证成的**,还是仅是凭空臆想出来的?她有没有**理由**这样相信,进而她这样相信是否

合理[①]？

当提到信念的理由时，我们指的是什么？一般而言，我们指的是信念的**证据**，即可以提高信念为真的可能性的那些考量和观察。设想一下，玛戈是个宇航员，她调试好望远镜，对着木星，逐一数出卫星的数目。这类的理由可以称之为**认知理由**。

有的哲学家觉得相信某些命题也可以有非认知理由。不少宗教信仰的转变，都发生在被持枪胁迫的关头："你得相信这个，不然……"有的人会说，枪口之下的人有理由相信任何被宣传的教义，这样的理由也许不是认知的理由，但也是实用的理由：在考虑是否接受这样的信念时，信念是真是假并不重要，重要的是一旦接受它，会有怎样的实际利益（例如避免头被打开花）。

布莱兹·帕斯卡尔提出的人人都有理由相信上帝的著名论证，就很好地体现了这两种（认知的和实用的）理由的区别。帕斯卡尔认为，上帝存在而人们不相信他的后果（永堕地狱，永火煎熬），比起上帝不存在而人们相信他的后果（避免行恶，时时忏悔），要糟糕许多。所以总的来说，相信上帝比不信他要好。如果这个论证是成功的，那么它顶多证明了我们有实用的（而不是认知的）理由相信上帝，因为它压根没有提高上帝存在的可能性。但是我们一般都认为，对木星的天文观测，确实为相信木星有一定数量的卫星提供了认知的（而非实用的）理由。 14

上文提到玛戈相信木星有十六颗卫星，而她这样相信之所以**合理**，部分的原因是她有好的理由。但我们这里指的究竟只是认知上的理由，

① 在下文中，我将把"证成的"（justified）和"合理的"（rational）视作等同的概念。［"justify"既是英文常用词汇，又是认识论领域的核心概念，不同理论众说纷纭。这给该词语（及其衍生的形容词形式"justified"，名词形式"justification"）的翻译带来了一定的困难。为了减少对非专业读者来说相对陌生的术语或用法，同时也是尊重作者本人的用法，后文在大多数情况下把"justified"翻译成"合理的"，把"justification"翻译成"合理性"。动词"justify"则翻译成"证成"，这个词在汉语里虽不常见，但读者无须把它看作偏门高深的术语。"甲证成了乙"，大致可以理解为甲为乙提供了相当的理据和支持。——译注］

还是说合理性也可以基于其他类型的理由，比如实用的理由？

我们稍后将回到这个问题。在我们将长篇探讨的各种观点里，有一种观点就认为合理性总是部分地取决于人们的**非认知**理由。

但无论我们如何阐释合理性，都需要注意，信念的理由是**可错的**：人们可以有好的理由相信错误的事情。比如亚里士多德之前的古希腊人，基于他们所能掌握的有限证据，可以合理地相信地球是平的（尽管现在则可以说，我们知道地球是圆的）。

这个例子也表明，理由是**可摒弃的**：人们在某个时段有好的理由相信某事，但可能随着信息的累积，就不再有好的理由了。亚里士多德前的古希腊人合理地相信地球是平的，而今天我们则合理地相信地球是圆的。

假如太空观测证实了我们所在的星球确凿无疑是圆的，那么我们对地球是圆的信念就既是合理的又是真的。根据标准的、柏拉图式的知识定义，这个信念就是**知识**。

知识：

思考者 S 知道 p 当且仅当

一、S 相信 p

二、S 的信念 p 是合理的

三、p 是真的

我们的祖先**以为**他们知道地球是平的，但他们错了。他们对于地球形
15 状的信念虽然合理，却是错误的。信念要成为知识，仅仅合理还不够；
它还必须是真的。[①]

---

① 这个定义面临一些广为人知的反例，反例最早是由爱德蒙·葛梯尔提出的。参见 Edmund Gettier, “Is Justified True Belief Knowledge?” *Analysis* 23 (1963): 121—123。我们不需要关注由此引出的复杂问题。

社会建构

对于这些知识论里的核心概念有了一定的了解，我们就可以追问，所谓“知识是由社会建构的”可能是什么意思。

在当今学术界，“社会建构”这个词可谓风头无两。伊恩·哈金在他的近著《什么东西的社会建构？》中罗列了五十多种据说是被社会建构出来的东西：除了事实、知识和现实，还有作者、兄弟情义、儿童电视观众、情感、同性恋文化、疾病、夸克、城市教育系统，以及祖鲁族人的国家主义。他所列出的还只是冰山一角。[①]

我们的兴趣在于“知识是由社会建构的”这个说法，但在正式讨论它之前，让我们先问一下，“x 是被社会建构的”（x 可以是任何东西）是什么意思。

一般而言，说某个东西是被**建构的**，意思是它不是被**发现的**，而是被**建立的**，是在某个时间人们有意识地创造的。而说它是被**社会**建构的，就是在此之上补充道，建立它的是社会，是以一定方式组织起来的，有特定价值、利益和需要的人群。 16

这种社会建构的观念寻常无奇，但我们所关心的社会建构理论家，与这种日常观念不尽相同，或者有所添加。这主要表现在三个方面：

首先，在日常观念里，被建构的往往是**东西**和**物品**，比如房子椅子之类。相比之下，那些理论家们更感兴趣的是对**事实**的建构。有的金属片是钱币这个事实，在他们看来，比起金属薄片本身更有意思。

其次，有些事实只是**偶然地**成为了人类活动的产物，但有些则**只能**由人类的活动创造。社会建构主义者关注的是后者而非前者。换言之，在他们所使用的、专门的意义上，说某个事实是“社会建构的”，就是说

① 参见 Ian Hacking, *The Social Construction of What?* (Cambridge, Mass.: Harvard University Press, 1999), 1—2。

被社会建构是这个事实的**构成要素**。

例如，一群人协力把巨石推上山顶，在日常的意义上，我们就得说这块巨石伫立山顶是由社会建构的事实。但在更严格的专门意义上，这个事实并非社会建构的，因为它有可能是由纯粹的自然原因导致。

但是，某些纸片成为钞票则在专门的意义上是由社会建构的，因为必然只有社会组织里的人们以一定方式使用这些纸片，它们才可能成为钞票。

最后，对于典型的社会建构主义者，某些事实是社会建构的，不仅意味着是社会建立了它，还意味着它的构建方式反映了人们**偶然的**需求和利益，所以如果没有那些需求和利益，人们也许就不会构建这些事实。日常观念里的社会建构，却可以容许某些建构产物对人们来说是
17 不可避免、别无选择的。康德就曾指出，我们体验到的世界是被我们的心灵建构的，因此遵循一些基本的法则，比如几何和算术法则。但在康德看来，我们无法随意改变建构。恰恰相反，他认为任何有意识的心灵都不得不建构出遵循这些法则的世界。①

对于这类强制的建构，社会建构主义者一般都不甚感兴趣。他想着重强调由社会建构的事实的**偶然性**，想要表明倘若我们改变建构方式，这些事实就不一定成立。

所以，在这个专门的意义上，某个事实是社会建构的，当且仅当以下命题必然为真：该事实只能够是人类偶然行为的产物。在后文中，我将在这个意义上使用“社会建构”。

撰写一整本书来揭示货币或者公民身份是社会建构的，当然没有什么意义，因为这本来就是再明白不过的。有的社会建构主义者宣称在无人怀疑处发现了建构，揭露了伪装成自然事实的社会建构，这样的说法才是真正有趣的。这种差别引出了更深一层的问题：为什么揭示

① 参见 Immanuel Kant, *Critique of Pure Reason*, trans. Norman Kemp Smith (New York: Macmillan, 1929)。

社会建构如此受关注呢？

哈金认为，这种关注来自于一个简单的想法。如果某个事实是自然事实，那么我们就不得不接受它。但如果某个事实只是由社会建构的，那么倘若我们不希望它成立，它就不一定成立。因而，揭露社会建构可以赢得自由：原以为无可避免的事实，除去假面（用哈金恰如其分的措辞）之后，就成了社会发展的偶然结果。 18

这个想法至少在两个方面过于简单：一个事实是自然的，并不意味着我们只能被动接受。小儿麻痹症是自然疾病，但可以被消灭，事实上也大都被消灭了。科罗拉多河的走向是自然力造成的，但可以通过建造大坝来改变。很多物种已经消失，我们可以预计今后很多其他的物种也会消失。

另外，考虑一种我们要是不建构就不存在的东西，比如货币。诚然，要是我们愿意的话，将来可以完全取消货币（尽管显然会很困难）。但是我们不能改变过去，既然已经有了货币，无论我们将来做什么，都不可能使得货币从不存在。

除了这两点保留，我们可以接受哈金的基本观点。

建构主义的知识观

现在，我们可以回到之前的问题："知识是社会建构的"是什么意思。有的事情我们自认为知道，比如恐龙曾经在地球上四处游荡。假设我们确实知道这一点。社会建构主义者声称，他们发现这种知识也依赖于偶然的社会需要和利益，但这是怎样一种奇异的依赖关系呢？

纵然哲学家们对于知识的概念有很多有趣的纷争，但从亚里士多德到今天，对于知识与产生知识的偶然社会环境之间的关系，他们看法大致相同。我把这种共识称为"经典的知识观"。 19

根据这种观点，知识探索的社会维度在很多方面都不可否认。譬如,不可否认知识往往是集体合作的产物。同样不可否认,有关这些集体的偶然事实,可以解释其成员为何对某些特定的问题更感兴趣。对于真理的共同好奇在多大程度上是生物本能,在多大程度上是社会发展的产物,这是个有意思的经验科学问题。无论如何,不难设想有的社会因为紧要的切身需求,对远古历史毫不关心,甚至觉得探索远古历史是浪费资源。

类似地,经典的知识观也不否认在探求知识的群体里,有的成员拥护某些政治、社会价值,而且这些价值可以影响他们的研究,比如怎样进行观测,如何评价接触到的证据。经典的知识观也不否认在有些时候,探索者会因为自身拥护的价值观而产生**偏见**,证据不足就下结论。因此,我们对什么问题更感兴趣,在研究问题时是否诚实可信,两者显然都不能独立于我们所处的社会。

但是,经典的知识观坚持知识独立于偶然的社会环境,实际上主要在于以下三个方面:

首先,也可能是最主要的方面,经典的知识观认为,关于世界的许多**事实**是独立于我们的,从而也独立于我们的社会价值和利益。例如,按照经典的知识观,恐龙曾经在地球上漫步这个事实(姑且假定这确为事实),并不依赖于我们人类,这只不过是个自然事实,我们对其成立毫
20 无贡献。

第二个方面无关真理,而是关于在相信某事为真时,信念是否具有合理性。这一点比较微妙。前文我们指出,我们对远古时期发生兴趣远非必然,而且即使我们对其有兴趣,也不一定就能发现证实恐龙存在的化石。因此,这两类事实都和我们的社会组织有千丝万缕的联系。

然而,根据经典的知识观,我们发现的化石构成了恐龙存在的**证据**(换言之,这些化石使得我们合理地相信恐龙存在),这是独立于我们的社会组织的。我们能够发现相关证据也许跟我们所处的社会分不开,但**这种证据之为证据**,能够支持恐龙存在的假说,则独立于我们的社会

环境。

经典知识观的第三个，也是最后一个重要的方面，则是在**解释**我们为什么会有某些信念时，认知的理由所起的作用。根据经典的知识观，我们相信恐龙存在只是因为我们接触到恐龙存在的**证据**，而这已经足够。我们解释信念时并不总是需要用到其他因素，特别是偶然的社会价值和利益。

这里依然要防止误解。我之前强调了社会因素可以解释为什么我们对某些问题发生兴趣，以及我们对问题的研究有多勤勉。但是经典的知识观认为，假定我们对一个问题有了兴趣，并且接触到了相关的证据，那么至少在有些时候，**可以**只用证据本身来解释我们为什么具有某些信念。

这和前文的看法并不矛盾：我们承认，有些时候解释信念的都是
非证据的因素。经典的知识观也会完全同意，在人类探索的历史上，有 21
的科学家仓促武断地下结论，或者为了职业利益，违背了自己更好的判断。它只是坚称，情况并不一定**总是**这样，所以仅仅用认知理由来解释我们的信念是**有可能的**。

经典的知识观可以总结为以下三点：

经典的知识观：

事实的客观主义：我们试图理解和认识的世界，在很大程度上都独立于我们和我们的信念。即使能思考的生物从不曾存在，当前世界的许多性质还是不会有所改变。

合理性的客观主义：像信息 E 证成了信念 B 这样的事实，是独立于社会的事实。尤为重要的是，某个信息是否能证成某个信念，并不依赖于社会的偶然需求和利益。

理性解释的客观主义：在适当的条件下，我们对相关证据的认识足以解释我们为什么会具有某些信念。

不同版本的建构主义,可以否定上述不同形式的客观主义。有的则三者全部否定。

> **知识的建构主义:**
>
> **事实的建构主义:**我们试图理解和认识的世界,都不独立于我们和我们的社会环境。相反,所有的事实都是社会建构的,反映了我们偶然的需求和利益。
>
> **合理性的建构主义:**像信息 E 证成了信念 B 这样的事实,都不独立于我们和我们的社会环境。这类的事实都是社会建构的,
> 22 反映了我们偶然的需求和利益。
>
> **理性解释的建构主义:**只用掌握的证据来解释我们为什么有这样那样的信念,根本是不可能的。要解释信念,必然要涉及到我们偶然的需求和利益。

显而易见,第二种建构主义是第一种的结果:如果所有的事实都是社会建构的,那关于什么证成了什么的事实,自然也不例外。虽然不那么明显,但第三种建构主义其实也可以被视为第二种建构主义的一个版本。[*]这是因为,如果理性解释的建构主义成立,那么要正确解释我们的信念,只用认知理由永远是不够的,实用理由(我们的需求和利益)不可或缺。这样一来,既然我们对证据的认识从来都不足以解释为什么我们情愿接受某些信念,就不应该**要求**我们只根据证据来决定应该相信什么,因为不应该要求我们去做力不能及的事情。(人们普遍赞同,不可能实现的都是不正当的要求。)因此按照这种看法,一个信念合理或证成与否,总是部分地取决于有没有支持它的、偶然的实用理由。

---

* 稍微更准确地说,第二种和第三种建构主义都蕴涵以下论断:任何信念的合理性,都不仅仅是由可以支持它的证据决定的。

这些建构主义的真理和合理性观念，吸引了许多学者，无论他们表面上是否在意同等有效论（即：对于世界，有许多性质迥异但“同等有效”的认识方式，科学只是其中之一）。但不管这些观念的吸引力来自何处，我们现在可以清楚地说明，为什么就算只接受一种形式的建构主义，人们都会觉得同等有效论颇有道理。

首先，如果事实的建构主义是正确的，那么美洲人的起源就不是个
纯粹客观的事实问题。相反，因为所有的事实都是社会为了自身的需 23
求和利益建构出来的，那么很可能我们和祖尼族人，只是为了明显不同的社会需求和利益，才建构出了不同的事实。那么，因为两种对于美洲人起源的观点都准确地反映了各自社会建构的事实，所以它们是同等有效的。事实的建构主义是本书第三章和第四章的主要话题。

其次，合理性的建构主义认为，现有证据并没有在客观上支持白令海峡假说，这种所谓的支持只是我们社会建构的产物，反映了我们的需求和利益。对这种观点最言之成理的阐释大概是这样：存在着不同的认识系统，都可以评估信息和信念的相关性，但其准确性并没有优劣之分。因而，根据我们觉得实用的认知系统，手头的化石，对我们来说可以构成白令海峡假说的证据；但对祖尼人来说就不能，因为他们使用的是另一套认知系统，那套系统更能满足他们的需要。本书第五至七章将讨论合理性的建构主义。

最后，假设正如理性解释的建构主义所言，一个信念之所以合理，总是部分地取决于支持它的、偶然的实用理由。由于我们社会的价值和利益与祖尼族的大相径庭，所以即使双方掌握的证据相同，也有可能相信某事对于我们更为实用因而也更为合理，但对祖尼人来说也许相信别的事情才更实用更合理。在第八章中，我们将评估这种观点是否
真有道理。 24

第三章

建构事实

描述依赖性和社会相对性

三种社会建构主义理论中影响最大的是事实建构主义。这多少有些出人意料,因为它是三种理论中最极端和最违反直觉的。确实,如果理解得当,事实建构主义实在是个荒诞不经的观点,所以很难相信竟然真有人赞同。然而,看起来它的拥趸并不在少数。

根据事实建构主义,任何事实之所以成立,必然只是因为我们人类的建构,而建构的方式则反映了我们偶然的社会需求和利益。与此相反的观点是事实客观主义,这种观点认为,世界上的许多事实与人类完全没有瓜葛。

要是问一个事实客观主义者,**哪些**事实是独立于人类的,他可能会列举一些寻常的例子:地球上有山峦,历史上曾有恐龙,物质的组成部分之一是电子。他会说这些都完全独立于心灵,并且在这个意义上,它们都是客观事实。

值得注意的是,作为事实客观主义者,他不需要有**任何**特定的清
25 单,明确列出哪些事实是独立于心灵的,哪些不是。他只是坚持**有些**事实是独立于我们人类的,但他不需要进一步宣称,他**知道**究竟是哪些。

毕竟，事实建构主义者并不是对“哪些事实成立”提出不同的解答，也不是像极端的怀疑论者那样，宣称没人可以**知道**究竟哪些事实成立。事实建构主义者完全可以接受关于山峦、恐龙、电子的事实。

事实建构主义者质疑的，不是哪些事实成立，而是关于这些事实的**性质**的某些哲学观点，以及关于所谓事实成立是怎么回事的某些哲学观点。他认为，事实必然不能独立于社会及其需求和利益而成立。

但是，事实建构主义面临的问题似乎很明显：世界并非始自人类，在人类出现以前，很多事实已经存在了。那我们怎么可能建构这些事实呢？例如，我们对于世界的最好的理论表明，远在人类出现之前，地球上已经有许多山峦了。所以怎么可以说地球上有山峦的事实是人类建构的呢？

著名的建构主义者、法国社会学家布鲁诺·拉图尔似乎认为别无选择，只能硬着头皮接受这些后果。法国科学家根据拉美西斯二世（死于公元前1213年）的木乃伊，推断他的死因是肺结核，但拉图尔认为这是不可能的。拉图尔问道：“他怎么可能死于罗伯特·科赫1882年才发现的结核杆菌呢？”在他看来，正如说拉美西斯二世被机关枪打死是犯了时代错误一样，说他死于结核杆菌同样也是犯了时代错误。他直截了当地指出，“在科赫之前，结核杆菌并不真的存在。”① 26

对于事实建构主义者来说，这样的回应并不明智。毕竟，人们都必须能够解释“人类出现之前就已存在的事实”是什么意思。事实建构主义者最好坚持连这些（存在于人类之前的）事实也是人类建构的。至于这种说法到底该如何理解，这固然是个很好的问题，但我们现在就先假装明白它的意思。

现在考虑另外一个问题：在事实建构主义者看来，我们是怎样建构

① 参见 Bruno Latour, “Ramses II est-il mort de la tuberculose?” *La Recherche*, 307 (March, 1998), 84—85。这一说法也被引用在：Alan Sokal and Jean Bricmont, *Fashionable Nonsense: Postmodern Intellectuals' Abuse of Science* (New York: Picador Press, 1998), 96—97。

事实的？这种壮举是如何实现的？

当代哲学界最重要也最有影响的事实建构主义者是纳尔逊·古德曼、希拉里·普特南和理查德·罗蒂。如果我们阅读他们的著作，就会发现他们对该问题的回答近乎一致：所谓构造一个事实，就是在言谈和思考中，采用了对这个事实的描述。所以，在《构造世界的多种方式》题为“事实的制造”的一章中，古德曼写道：

> ……我们通过构造样式来构造世界……①

在古德曼那里，“样式”实际上就是一组（很宽泛的意义上的）对世界的描述。

罗蒂写道：

> 以恐龙为例。一旦你把某个东西描述为恐龙，它的肤色和性生活从此就跟你的描述没有因果关系了。但是在你把（某个东西）描述为恐龙或别的什么之前，说它“客观存在”并且有这样那样的属性，是没有意义的。②
>
> ……像古德曼、普特南和我这样的人……认为世界没有独立于描述的存在方式。也就是说，如果不被描述，世界不会以任何形
> 27 式存在。③

让我们把罗蒂和古德曼想表达的观点称为**事实的描述依赖性**：

① Nelson Goodman, *Ways of Worldmaking* (Indianapolis: Hacker Publishing Co., 1978), 94.

② Richard Rorty, *Truth and Progress, Philosophical Papers, Volume 3* (New York: Cambridge University Press, 1998), 87.

③ 出处同上，90。

> 所有事实都必然依赖于描述：在我们以某种方式**描述**世界的倾向之外，世界是什么样子，没有所谓的客观情况。当我们开始用某种特定的模式来描述世界时，关于世界的事实才开始存在。

这显然是一种“事实依赖于心灵”的观点，因为显然只有心灵能描述世界。我在前面强调过，有些事实的确在这个意义上依赖于描述，或者依赖于心灵。如果没人愿意（或曾经愿意）进行相应的描述，那么**货币**就不会存在，**牧师**或**总统**也都不会存在。关于“事实依赖于描述”，建构主义的文献里还有许多更富争议的说法。米歇尔·福柯曾有个著名的主张，在人们用**同性恋**这个概念来描述某些男性之前，是没有同性恋者的，有的只是偏爱跟同性发生关系的男性。[1] 我对福柯这个具体的说法很有疑问，但这只是对“同性恋”的定义斤斤计较。但是，我不怀疑福柯所代表的普遍现象。

无论我们怎么看待单独个例，问题在于，似乎不是**所有**的事实都**必须**这样依赖于描述或者心灵。比如有关山峦、恐龙或者电子的事实就不依赖于我们的描述。为什么要否认这一点呢？到底事实建构主义在我们日常的朴素实在论中发现了什么错误？我们有什么正面的理由要严肃对待这种看起来违反直觉的理论呢？

在这些主要的事实建构主义者的著作里，很难找到令人信服的 28
解答。

极端的事实建构主义，常常被和另一个观点混为一谈，后者虽然也不是毫无争议，但远没有那么极端。出于这个原因，人们很难对这些问题进行合情合理的讨论。也正因如此，支持事实建构主义的人们高估了它的合理性。

---

① Michel Foucault, *The History of Sexuality, Volume 1: An Introduction*, trans. from French by Robert Hurley (New York: Pantheon Books, 1978).

我们可以把这个和事实建构主义混为一谈的观点称为：

描述的社会相对性：

我们以什么框架描述世界，取决于哪种框架对我们有用。而哪种框架对我们有用，则取决于我们社会偶然的需求和利益。

在以下引文中，罗蒂清晰地表达了描述的社会相对性

……我们把长颈鹿描述为“长颈鹿”，是因为我们的需要和利益。使用一套包含“长颈鹿”的语言，也是因为是符合我们的目标。用“器官”、“细胞”和“原子”之类词汇（来指示长颈鹿的组成部分），理由也是一样。所有对事物的描述都是为了符合我们的目标。……长颈鹿和它周围空气的界限，对于我们这些想通过狩猎获得肉食的人类而言，确实很清楚。但对于会用语言的蚂蚁或阿米巴虫，或者从太空中描绘地球的天外来客，这界限就没那么清楚了，它们的语言里大概既没有，也不需要“长颈鹿”这样的词汇。[①]

罗蒂认为，我们接受一些描述，而不接受另一些，不是因为前者“对应于事物本身的样子”，而是因为这样做符合我们的实践利益。如果实
29 践利益改变了，我们采用的描述也会不同，就不再包括我们现在的思想中所使用的概念（比如**长颈鹿**和**山峦**）。[②]

为了证成自己的主张，罗蒂让我们假设自己是非肉食性的、使用语言的动物，而是只有蚂蚁或者阿米巴虫那么大。他指出，这种情况下我们就很可能没有**长颈鹿**这个概念。

① Richard Rorty, *Philosophy and Social Hope* (New York: Penguin, 1999), p. xxvi.

② 罗蒂时而谈论**长颈鹿**这个概念，时而谈论“长颈鹿”这个词语，两者其实不尽相同，但这里的区别跟我们当前的目的关系不大。

在我看来，罗蒂的思想实验不能很好地支持描述的社会相对性，因为他的思想实验，不仅改变了我们的实践利益，也改变了我们的生物和物理属性。但是为了本章的目的，我建议先暂时接受描述的社会相对性（在第八章中我们将讨论与之关系紧密的另一观点）。现在我想要重点指出的是，描述具有社会相对性，和事实依赖于描述，是两个独立的观点，前者没有给后者提供任何支持。

罗蒂及其同伴的看法恰恰相反。例如，他先说

> 长颈鹿和它周围空气的界限，对于我们这些把它视作猎物的人类而言，确实很清楚。但对于会用语言的蚂蚁或阿米巴虫，或者从太空中描绘地球的天外来客，这界限就没那么清楚了，而且它们的语言里大概既没有，也不需要"长颈鹿"这样的词汇。

随后就紧接着说

> 概括言之，对于那块被我们所说的长颈鹿占据的空间，可能有无数的描述方式，但我们并不清楚其中有没有哪一种比别的更加接近事物本身的样子。① 30

然而，对描述的社会相对性进行**概括**，完全不能得到"不存在独立于描述的事实"的结论。

说"我们接受某些描述，必然是因为它们符合我们的实际利益，而不是因为它们符合事物本身"，这是一回事；说"不存在独立于我们描述的事物"，则完全是另一回事。赞同前一种观点，与此同时否定后一种，是毫无矛盾的。

① Richard Rorty, *Philosophy and Social Hope* (New York: Penguin, 1999), p. xxvi.

为了看清楚这一点,我们需要强调,就连最极端的事实客观主义者也承认,在任何时候,要正确地描述世界,可以有许多不同的方式,其中有的还可能相当古怪。设想有只长颈鹿正在某处吃桉树叶,而与此同时罗马帝国皇帝尼禄正在大约三英里之外。把长颈鹿描述为长颈鹿,或者描述为一个离尼禄不到四英里远的东西,都是正确的。

承认描述的社会相对性,就是承认在我们看来哪种描述“值得采纳”取决于我们的实践利益。前文提过,我们姑且先接受这种观点。毫无疑问,对于我们自身的利益而言,有的描述确实更加有用。尼禄周围四英里以内可以有各种各样的东西。倘若只是知道某个东西符合这个描述,我们对于它会做什么事情,就毫无头绪。相反,如果知道它符合**长颈鹿**这个概念,我们能了解的就多得多了:这个动物脖子很长,以金合欢树叶为食,有心脏和肺,诸如此类。

可是,显然不能由此**推论**:不存在更符合事物本身的描述。即使承
31 认了描述的社会相对性,我们也完全可以说,把长颈鹿占据的空间描述为树、山、小行星,都是错误的,因为都不符合事物本身的情况。

描述的社会相对性和事实建构主义是两码事。后者的基本观点是,只有在我们采纳了某些描述之后,所谓“世界上的事实”才有意义,而在使用这些描述以前,并没有什么客观的事物本身,决定着我们的描述是真是假。可是描述的社会相对性完全不支持这个观点。

为什么要接受这个极端又违反直觉的观点呢?

为事实的描述依赖性一辩

纳尔逊·古德曼试图告诉我们为什么。他从反思“星座”这个词开始。

关于北斗七星,他写道:

> 星座存在的时间跟组成它的恒星一样长久吗，或者它只是在人们的筛选和命名之后才存在的？……说在任何样式之前星座就已经存在了，是什么意思呢？这是不是意味着，不论有没有被筛选、命名，恒星的任何组合方式，都是星座？在我看来，说恒星的所有组合都是星座，和说恒星的任何组合都不是星座，其实是一回事：人们从所有组合恒星的可能方式中，选出了一种，这个组合才成为星座，就像人们根据某些原则，把一堆东西和别的区分开，这些东西才成为一类。① 32

让我们把有关恒星的本体论问题放在一边，只考虑它们组成的星座，北斗七星。问题是，北斗七星在我们特意选择出来之前，是已经存在了吗，还是说从诸多恒星中选出一种组合这个行为，才使得它们成为了北斗七星？

古德曼否认北斗七星原本就在星空中，静待人类的发现和命名。他说，如果北斗七星在我们命名之前就已经存在，那么恒星的任何排列组合，包括无数我们没有特意挑选出的组合形式，都可以算作星座。他认为这是荒谬的。因此，至少对于哪些恒星组成星座这样的事情，某些恒星隶属同一个星座在根本上取决于我们如何描述它们。

这样，古德曼论证了星座依赖于描述。他随后把这一点推广到所有事实：

> 我们挑选出某些恒星，把它们归在一起，以此构造了星座；类似地，我们在空中划出特定的界限，以此构造了恒星。没有什么东西强迫我们在天空中划分的是星座还是别的东西。我们需要构造我们发现的东西，无论是北斗七星、天狼星、食物、燃料还是多媒体

① Nelson Goodman, "Notes on the Well-Made World," in *Starmaking: Realism, Anti-Realism, and Irrealism*, ed. Peter McCormick (Cambridge, Mass: The MIT Press, 1996), 156.

> 音响。[①]

然而，这个推论成功的希望不大。

首先，“星座”和“牧师”、“总统”这样的词语一样，明显是依赖于描述的。《美国传统英语词典》对“星座”的定义是：“一群恒星的随意组合，常被看作一定的形象和图案，尤指已经划分的八十八个星座之一。”大
33 多数词典也有类似定义。该定义表明，星座的概念本身，就包括它是被地球上的人类观察者所划分的、构成一定形象的恒星群落。

从这个定义可以很容易地推论出，在被注意和命名之前北斗七星并不存在。因为按照定义，一组星群之所以成为星座，就在于被注意和命名。因此，不是任何的恒星组合都构成星座，因为在像我们这样的生物（从地球上）看来，不是任何组合都构成一定的形象。

按照对星座的标准理解，星座只有被人类感知到才存在，远不是什么值得大书特书的事情：这只不过是“星座”定义的一部分。因此，基于星座的论证，不可能用来支持古德曼追求的那种普遍的建构主义。

但古德曼对普遍的事实建构主义的论证，还有一个更根本的问题：他自己用来解释描述依赖性的模型，似乎就已经预设了有些事实不是依赖于描述的。详细的理由如下。

古德曼勾勒的情景大概是这样的：我们用概念把物体分门别类，以此构建事实。概念的功能就像饼干切模一样：以特定的方式，把世界划分成各种事实。我们选取某一组恒星，用线连起来，并称之为星座，星座就是这么诞生的；我们选取一组庞大的分子，划定它们的边缘，并称之为恒星，恒星就是这么诞生的。

如果这是建构事实的一般方法，那么它的适用范围就应该能够扩
34 大到最基本的事实。让我们再重复几次古德曼描绘的方法。我们选取

① Nelson Goodman, “Notes on the Well-Made World,” in *Starmaking: Realism, Anti-Realism, and Irrealism*, ed. Peter McCormick (Cambridge, Mass: The MIT Press, 1996), 156.

一组原子，划定它们的边缘，并称之为分子，而分子就是这么产生的。我们选取一组电子、质子和中子，划定它们的边缘，并称之为原子，而原子就是这么诞生的。以此类推。

这种看法并不意味着我们把世界划分成现在这样是毫无**理由**的。但这些理由是彻头彻尾的**实用**理由：我们采用某种（而不是别的）方式划分世界，是为了我们的实用目的。对于古德曼来说，重点在于没有任何一种划分方式更接近事情本身，因为本来就没有事情本身。

然而，如果事实是这样建构的，我们岂不是迟早会追溯到性质不由我们划定的东西？如果我们的概念是世界这个基本“面团”的切割线，以此赋予世界它本来没有的结构和样式，那么这不正意味着得先存在面团，切割才可能进行吗？这不正意味着，这个面团的基本性质跟我们建构事实的行为无关吗？这个基本的面团可能非常简单贫乏，也许只是时空流形，或能量的某种分布等等。但无论如何，这种基本的东西都必须存在，否则古德曼的说法就讲不通了。然而要是这种东西存在，不就否定了普遍的建构主义了吗？

通过考察另一个著名的事实的描述依赖性的论证（由希拉里·普特南提出[①]），我们可以进一步阐明这一点。

普特南让我们设想一个只有“三个个体”的世界，如下图所示： 35

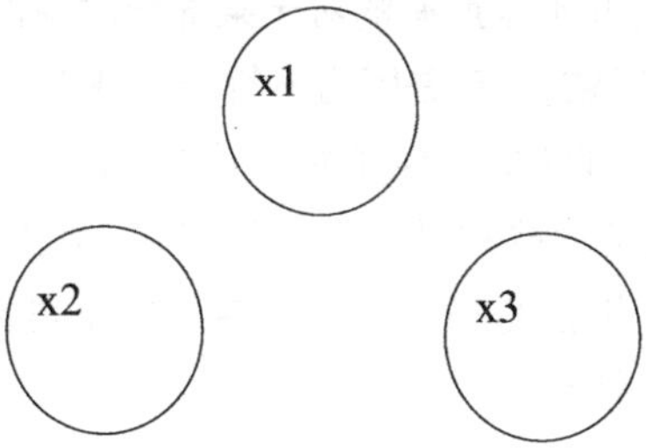

① Cf. John Searle, *The Construction of Social Reality* (New York: The Free Press, 1995), 165—166.

在这个小小的世界里，有多少个物体？

根据常识里的“物体”概念，这个世界正好有三个物体，x1、x2、x3。但是，普特南评论道：

> 设想……我和某些波兰逻辑学家一样，相信每两个个体的总和都是一个物体……那么对我来讲，所谓“三个个体”的世界其实包括七个物体。[①]

普特南认为，我们可以从这个事例中学习到：世界上有多少个物体，不是一个客观事实的问题。如果采用常识里的概念框架，就会说有三个物体，即 x1、x2、x3；但如果采用某些波兰逻辑学家的概念框架，则会说有七个物体，即 x1、x2、x3、x1+x2、x2+x3、x1+x3、x1+x2+x3。普特南从这个小论证得出结论：认为事物本身有这样那样的形态，独立于我
36 们选择的概念框架，这种想法是非常荒谬的。

然而，这个推论是错误的。普特南的例子顶多只是表明，有许多对于世界（或世界的一部分）的描述都是正确的。而我们之前已经看到，没有事实客观主义者会否认这一点。任何事实客观主义者都会接受，对于任意一部分的时空，可以有许多描述都为真，只要它们没有矛盾。他们只是坚持认为，并**不是所有的**对于某部分时空的描述都是正确的，而且有的描述之所以错误，正是因为不符合客观事实。

可是，即使这样理解事实客观主义，普特南的小世界不也构成反例了吗？我们可以采纳的两种描述（小世界有三个物体和有七个物体），不恰好是逻辑上不相容的吗？一个世界显然不可能既恰好有三个物体，又恰好有七个物体！

答案当然是否定的：这两种描述完全是相容的，因为它们使用的

① Hilary Putnam, *Realism with a Human Face* (Cambridge, Mass: Harvard University Press, 1990), 96.

"物体"概念不同。这就好像说有八个人参加聚会和说有四对情侣参加该聚会并不矛盾一样。

所以普特南的例子不能证明描述依赖性。事实上,它支持的结论恰恰相反。

关键在于,这样的例子要有效力,我们就必须从一些基本的事实开始(比如有三个圆圈),才能以不尽相同却都正确的方式重新描述这些事实。比如说,先有了有三个圆圈的世界,我们才能引入不同"物体"的概念:按照有的概念,这个小世界包括有三个物体,按照另一种的概念,这世界包括七个物体(或者九个,或者其他数量)。

但这种重新描述的步骤要说得通,就必须先预设有一些基本事实 37
(基本的世界面团),正是因为有了这些事实,我们重新描述的步骤才能得到运用。而这种事实正好是事实建构主义否认的。

事实建构主义的三个问题

我们可以继续寻找对描述依赖性更好或更具说服力的论证,但结果恐怕只是竹篮打水一场空。据我所知,一旦我们仔细区分了事实的描述依赖性和描述的社会相对性,事实建构主义者除了古德曼和普特南使用的那些说服力不足的例子,也就没什么引以为据了。

到目前为止我都试图表明,没有什么有力的论证支持"所有的事实都依赖于描述",所以也没有理由怀疑常识的观点,即"世界上有些事实独立于我们"。恰恰相反,我们有理由认为,连那种切饼干式的事实建构主义都预设了事实客观主义,虽然古德曼想用前者来否定后者。

但对事实建构主义的反驳不止于此:我们不仅缺乏理由来严肃对待这种理论,更重要的是,我们还有决定性的理由认为,归根结底,它就不是个融贯一致的理论。事实建构主义至少面临三个问题。

首先,在本章的开头我提到过,我们谈论的大多数东西和事实(电子、山峦、恐龙、长颈鹿、河流和湖泊），显然是存在于我们**之前**。那么，它们的存在怎么可能依赖于我们？我们怎么能够创造自己的过去？倘若确实如此，我们将不得不接受一种怪异的反向因果关系，原因（我们
38 的活动）发生在结果（恐龙的存在）之后。我们可以称这为**因果性**问题。

其次，即使宇宙跟我们的历史一样长，但是像电子、山峦这些概念本身，不就包括它们不是我们建构出来的意思吗？以电子为例，之所以有这个概念，不就是为了指称某些独立于我们存在的东西吗？在现代粒子物理学的标准模型里，电子是所有物质的基本组成部分之一。它们构成宏观的物体（包括我们自己的身体），这些物体能被我们看到，也可以和我们相互作用。它们的存在怎么可能依赖于我们呢？如果坚称它们是被我们的描述建构出来的，这岂不就表明我们的问题很可能不仅仅是观点错误，还是**概念不一致**，表明我们并没有充分理解电子是什么东西？这可以称为**概念能力**的问题。

最后的也可能是最严重的问题，则可以称作**异见问题**。

我在上一章已经指出，其实关于某事实P的建构主义，和认为“我们在形而上的意义上受到限制，以至于只能建构P不能建构别的事实”，这两种观点在原则上是可以结合起来的。但是，我也提到过，事实建构主义者对于这种强制的建构不感兴趣。他们的中心观点就是所有事实都依赖于我们偶然的需求和利益，所以如果需求和利益改变了，相应的事实也会改变。

事实的建构主义者否定这种强制的建构，其实也不无道理，因为事实上这种强制的建构很难讲得通。如果某个事实之所以存在，是因为我们的意向性活动，那么很难理解为什么**不可能**在另一些情况下，我们建构出与之不同且不相容的事实。（康德自己对几何学的论断就错了：
39 在他做出这个论断后不久，黎曼就发现了非欧几里得几何学，而大约一百年后，爱因斯坦揭示了物理空间实际上是非欧几里得的。）

提纲挈领地说：假设我们建构了事实P，而这个建构在形而上学上

是偶然的。由此，可以推论出，虽然我们建构了 P，但**可能**有别的社会建构了非 P 这个事实。

截至这一步，一切都还好，因为这正是事实建构主义者期望看到的结果。但是这样一来，我们可以做出如下论证：

> 一、因为我们建构了 P，所以 P 成立。
> 二、因为有可能别的社会建构了非 P，所以非 P 成立是可能的。
> 三、因此：P 和非 P 同时成立是可能的。*

然而，在同一个世界里，怎么可能 P 和非 P 同时成立呢？最早的美洲人怎么会**既**来自亚洲**又**不来自亚洲（而来自地下的精灵世界）呢？地球怎么会**既**是平的（根据亚里士多德前的希腊人的建构）**又**是圆的（根据我们的建构）呢？这样的问题还有很多。①

事实建构主义似乎直接违反了不矛盾律：

不矛盾律：

> 必然地，P 和非 P 不能同时成立。

这里的问题不在于**事实上**有两个社群建构了逻辑上不相容的事实。因为只要**有可能**一个社群建构了事实 P，并且同时另一个社群建构了非 P 或者逻辑蕴含非 P 的事实 P，那么就违反了不矛盾律。 40

异见问题是所有形式的建构主义都面临的问题，不局限于普遍的

---

* 这个论证的表述比较糟糕，从字面上看是错误的。我本应该表述成如下形式：假设建构主义是正确的。那么，如果我们建构了事实 P，则 P。如果另一个社会建构了事实非 P，则非 P。因为这里谈到的建构在社会的意义上是偶然的，即使我们建构了事实 p，别的社会也有可能建构非 P。因此：P 和非 P 同时成立是有可能的。

① 参见 André Kukla, *Social Constructivism and the Philosophy of Science* (London and New York: Routledge, 2000), 91—104, 其中讨论了异见问题的一种形式。

事实建构主义。只要建构是偶然的，那么同时建构在逻辑上（或形而上学上）不一致的事实，这种可能性该如何解释的问题就会应运而生。

我认为，如果用古德曼那种切饼干式的建构主义来理解事实的描述依赖性，就不可能合理地解答这三个问题。因此，对于描述依赖性来说，这些反驳是决定性的。

然而，理查德·罗蒂早就批评过，要解释描述相对性，最妥帖的途径不是切饼干式的建构主义，而是用另外一种方法去理解事实如何依赖于我们的描述活动。我们在后文会看到他的观点正是用来回应上述
41 三个问题。在下一章中，我们将仔细考察他与众不同的建构主义版本。

第四章

事实的相对化

罗蒂的相对建构主义

关于概念能力的问题,罗蒂写道:

> ……像古德曼、普特南和我,既然认为没有独立于描述的世界状况,就经常不禁想采纳康德式的形式—质料二分,声称在语言给原始质料(只有内容,没有形式的自在之物)塑形之前,物体是不存在的。可是一旦这样说了,我们就会面临(合理的)指责:说"恐龙"这个词语的发明使得恐龙开始存在,是颠倒了因果,成为了"语言唯心论者"。[①]

按照这种康德式的切饼干模型,我们的概念给世界的"原始质料"划分界限,以此创造出诸如恐龙之类的事物。可是,如果不能依照这个模型来理解事实的建构,那应当怎么理解呢? 42

罗蒂是这样回应的(这里大篇幅引用他的原话有助于接下来的

① Rorty, *Truth and Progress*, 90.

讨论）：

> 我们这些反表征主义者，从来不怀疑宇宙中大部分事物都不是因为人产生的。我们质疑的是这些事物是否独立于人们的表征。所谓X独立于表征，意思就是X有内在的特征（无论怎样描述，这种特征都是它的一部分），因此对它的描述有的恰当，有的不够恰当。在反表征主义者看来，我们没有办法确定哪些描述抓住了事物的"内在"特征，哪些则只抓住了它"关系性的"、外在的特征，因而我们情愿放弃内在—外在的二分，否认信念表征了事物，进而完全排除"事物是否独立于表征"的相关问题。这意味着，我们摒弃了那种同是否被描述以及被怎样描述无关的"事物自身的情况"（借用伯纳德·威廉姆斯的说法）。
>
> 批评我的人，似乎以为我或者任何人都不会"真的否认，'这个屋子里没有椅子'这句话的真假是基于事实情况的，或基于客观现实的性质的"。其实我倒真愿意否认这一点。因为我认为"基于事实情况"可以有两种解释。其一是"基于我们当前如何描述事物，以及我们和事物有怎样的相互作用"，其二则是"**只是**基于事实情况，跟我们如何描述无关"。我认为如果采取第一种解释，所有真命题，不论是关于屋里有没有椅子，关于中微子是否存在，还是关于需不需要尊重其他人的尊严，之所以为真，都的确是"基于事实情况"。但是，如果采取第二种解释，那**没有任何**命题之所以为真是"基于事实情况"的。[1]

43 想把这两段话完全讲清楚，并不那么容易，但其大意如下[2]：按照切饼干

---

① Rorty, *Truth and Progress*, 86—87.

② 阐释罗蒂是出了名的困难，所以读者不妨这样理解我的主张：如果事实建构主义能从罗蒂的著作中得到任何帮助来回应前文揭示的三个问题的话，那么这种帮助就源于

的模型，我们运用**长颈鹿**这个概念来描述世界，以此使得某些事实（比如长颈鹿存在）得以成立。但上一章简单地提到，这样一来我们实际上就陷入了康德式的形式—质料二分，也导致了心灵和世界的关系问题。

根据对建构的正确理解，对于事实的一切谈论，其内容都是：按照某个关于世界的理论（罗蒂有时称之为“语言游戏”，借用维特根斯坦的比喻），事情是怎样的。说客观现实自身是如何如何，或者说心灵运用概念使得世界成为怎样，都是没有意义的。只有说**按照**某些谈论世界的方式，**相对于**某些关于世界的理论，世界是什么样的，这样才是有意义的。①

这种观点认为，不存在本身即为真的命题，因为命题只有相对于某个理论才可以为真。这种观点还需要更进一步的阐明（详见稍后的讨论），但我相信读者已经可以看到，如果罗蒂的想法理由充分，那么它能够极大地帮助建构主义解决上文简述的三个问题。

假设不能简单地说某个命题是真的，只能说它相对于某种谈论方式是真的。那么就没有哪种方式更能表达真理，或者更确凿地刻画了事情本身，因为压根不存在所谓的事情本身。只有不同的谈论方式而已。 44

这是不是意味着我们想怎么谈论世界就怎么谈论，我们描述世界的方式不受任何限制？答案既是肯定的，也是否定的。一方面，客观现实本身并不存在，所以的确不会限制我们应该怎么描述世界。

但另一方面，罗蒂也指出，这并不意味着所有的谈论方式地位都一样，因为出于实用的理由，我们会偏好某些谈论方式：它们对满足我们的需要更加**有用处**。在日常生活里，每当我们简单地说某件事情是真

我现在归于罗蒂的观点。

① 伊恩·哈金似乎也有类似的观点，他写道：“世界是如此的独立自足，甚至本身都没有我们称为‘结构’的东西。我们构造对于世界不足道的表征，但我们能够设想的所有结构都是属于我们自己的表征。” Hacking, *The Social Construction of What?*, 85.

的，意思（或者说我们应该表达的意思）其实是，这件事情相对于我们偏好的谈论方式是真的；而我们之所以采用这种方式，是因为它看起来对我们很有用。

现在需要注意的是，按照我们谈论世界的方式，世界上大部分东西的产生都跟我们没有什么因果关系，且存在于我们之前。正如罗蒂所言：

> 既然谈论山峦对我们有用，那么山峦被我们谈论之前就已经在地球上了，这个真理就很明显。如果你不相信，那就很可能是你不会做包含了“山峦”这个词的语言游戏。但这些语言游戏的益处，和所谓的现实本身（而不只是对我们来说较便利的对现实的描述方式）是否有山峦，是互不相干的两码事。[①]

因此在罗蒂看来，说山峦存在于人类之前，而不是来自人类的创造，都是正确的，都是被我们采取的谈论方式许可的。然而这并不意味着，“有的山峦独立于人类存在”，就是个简单直接的真理。“简单直接的真理”
45 根本就是个没有意义的说法，要想言之有物，我们只能说，按照一定的谈论方式，某件事情是真的（而在诸多谈论方式里，有些是对我们有益的）。这样一来，就解决了因果性问题和概念能力问题。

比较一下我们如何看待小说中的真理，也许有助于理解罗蒂的观点。我们都知道小说中的角色是作者建构出来的。但在小说里面，没有人（可能除了角色的父母）认为角色是被建构出来的。相反，角色被认为是真实的人物，有真实的生物起源。因此，按照《卡瓦利与克雷的神奇冒险》一书，以下这些事情都是真的：约瑟夫·卡瓦利是犹太人，他

① Richard Rorty, “Does Academic Freedom have Philosophical Presuppositions: Academic Freedom and the Future of the University”, *Academe*, 80, no.6 (November—December 1994), 57.

逃离了纳粹占领下的布拉格，但他的父母都死在纳粹手中。[①]

类似地，在罗蒂式的建构主义者看来，只要我们决定了一个关于世界的理论之中包含“世界上山峦存在”这个描述（正如小说作者确定了他笔下的各个角色），那么按照这个理论，山峦就不是因为我们而形成的，在我们出现之前，它们已经存在了。

罗蒂这种相对主义的建构主义也轻易地解决了异见问题。有可能在某部小说中 P 为真，而且同时在另一部小说中非 P 为真，类似地，承认无形的灵魂存在对于某个社群有实际益处，但与此同时，有可能否认灵魂存在对另一个社群来说才更有益。因为以下两个观点：

> 按照 C1 的理论 T1，“X 存在”是真的。
> 和按照 C2 的理论 T2，“X 不存在”是真的。 46

两者并不矛盾，所以它们之间没有竞争关系，异见问题也就不复存在了。

我们在上文揭示了事实建构主义面临的几个问题，但是一旦接受了相对主义，这些问题似乎就没有表面看起来那么难以克服。很难设想除此之外还有别的什么解决途径。这样看来，事实建构主义若要保留成功的可能，就不得不预设罗蒂式的相对主义。

倘若不求助于相对化，解决异见问题的希望尤其渺茫。这对于各种形式的建构主义观点，甚至那些（不同于我们现在的讨论对象）把建构局限在特定事实上的观点，都是应当吸取的教训。

假设 P 是任意一个没有相对化的命题，而 C 是任意一个社群。只要被建构的事实在形而上学上是偶然的，说“C 建构了事实 P”都是不可以的。任何允许这样说的理论立即违反了不矛盾律。建构主义者顶

---

① Michael Chabon, *The Amazing Adventures of Kavalier and Clay* (New York: Picador USA, 2000). 感谢尼西滕·沙阿提议这个类比有助于解释罗蒂的观点。

多只能说，C 建构了如下的相对化事实：

根据 C 的看法：P。

或者其他类似的说法。

在我看来，当代有建构主义倾向的作者（乃至有些分析哲学家），都没有足够注意这个教训。①

局部相对主义和全面相对主义

罗蒂后现代式的全面相对主义，可以追溯到普罗塔格拉的名言：
47 “人是万物的尺度。”② 但是在历史上，影响最深的相对主义观点往往局限在**特定**的领域中，比如**道德**、**美学**、**礼仪**等领域里的真理。我们在此稍作停留，考察一下应该如何阐释这类观点，将有助于后文的讨论。③

以道德这个重要的题目为例，假设埃利奥特说出这个句子：

一、“理查德偷那些钱是不对的。”

首先，道德相对主义者指出，能让这种绝对判断为真的事实，世界上是

---

① 作为当代道德建构主义的一个例子，可以参见 Christine Korsgaard, *The Source of Normativity* (Cambridge: Cambridge University Press, 1996)。

② 这里“全面”（global）意指“包括全部事物”，而不是“在地球（globe）上所有地方都适用”。

③ 我将阐释的是一种影响深远的表述特定领域相对主义的方式，我称这种进路为“彻底的相对主义”。这种表述方式最早出自吉尔伯特·哈曼对道德相对主义的精彩讨论，见于 Harman and Thomson, *Moral Relativism and Moral Objectivity*。在相关文献中，至少还有两种表述局部相对主义的进路。第一种开门见山地指出，特定领域的相对主义认为该领域可以有真正的矛盾。我认为这种表述成功无望。我称另一种为“绝对主义的相对主义”，将在第六章进行简短讨论。

不存在的。在道德的意义上，没有行为是简单绝对的对或错。换言之，首先，道德相对主义者接受**道德的非绝对主义**。

道德的非绝对主义：

二、能够证实绝对道德判断的绝对道德事实，是不存在的。

任何接受道德的非绝对主义的思想家，于是都要面临选择。既然他的立场意味着日常的道德言论都是错误的，那么他就必须说明应该如何看待这些言论。

道德虚无主义者回应道，我们应该停止使用道德话语。在他们看来，一旦发现了绝对事实并不存在，所有道德话语就变得没有用处了，48
就好比（在有些人看来）如果发现上帝不存在，宗教话语随即变得没有用处一样。

道德表达主义者则试图保留道德话语，但他们把这些话语视作情感的表达，而不是判断。因而，在道德情感主义者[①]看来，埃利奥特所说的：

理查德偷那些钱是不对的。

意思大致相当于：

三、理查德偷了那些钱，呸！

对别人说"呸！"，这话无所谓真假，因此，不存在能证实道德话语为真的事实，也就无关紧要了。

① 道德情感主义可以被视作道德表达主义的早期版本，支持者有 A.J. 艾耶尔和 C. 史蒂文森等。——译注

道德相对主义者的回应与以上二者都有不同。与道德虚构主义者相反，他们支持保留道德言论；与道德表达主义者相反，他们同意道德判断确实像表面上看起来那样，可以为真或为假。按照他们建议的解决方案，绝对事实的确不存在，但道德言论陈述的不是绝对事实，而是没有争议的**相对**事实。他们的建议大致可以初步表述如下：

道德关系主义（初步表述）：

埃利奥特的话："理查德偷那些钱是不对的"如果还有可能是真的，就不应该被理解为：

理查德偷那些钱是不对的。

49 而是应该理解为：

四、根据某道德原则 M，理查德偷那些钱是不对的。

这个初步表述还算恰当，只是需要一个细小但重要的修正。埃利奥特的话表示他**支持**关于理查德的行为的某种观点，但问题是命题四这样的断言只是一个关系判断，描述了某个道德原则 M 和"理查德偷那些钱是不对的"这个判断之间的逻辑关系。即使不同意埃利奥特的看法的人，也有可能同意命题四。

为了让这一点更清楚，假设乔治不接受道德规则 M，而接受另一套规则 M*。根据 M*，理查德偷那些钱没有什么不对。所以乔治可能不会说理查德偷那些钱是不对的。但是他仍然可以同意，**根据 M** 理查德偷那些钱是不对的。

要解决这个问题，我们必须修正之前的表述。原句里表达相对关系的部分，必须指明说话者本人**接受的**特定道德原则。道德相对主义者认为，说话者的道德断言都必须是相对于他接受的原则。因此：

道德关系主义：

埃利奥特的话："理查德偷那些钱是不对的"如果还有可能是真的，就不应该被理解为：

理查德偷那些钱是不对的。

而应该理解为：

五、根据我埃利奥特接受的道德原则 M，理查德偷那些钱是不对的。

最后，为了强调没有道德原则比其他的更为优越，相对主义者一般都会 50
补充上：

道德多元主义：

存在各式各样的道德原则，但不存在什么事实根据使得有的原则比其他的更为正确。

道德相对主义就是道德非绝对主义、道德关系主义和道德多元主义的结合。现在，适当地将以上三个部分一般化，道德相对主义就可以总结如下：

道德相对主义：

六、能够证实绝对道德判断的事实是不存在的。

七、如果 S 的道德判断还有可能为真，那么他所说的："P 的行为 A 是错的"不应该理解为表达了：

P 的行为 A 是错的

而应该理解为表达了：

按照我，即 S，接受的道德原则 M，P 的行为 A 是错的。

八、有各式各样的道德原则，但不存在什么事实依据让有的原则比其他的更为正确。

罗蒂的全面相对主义企图将以上这种相对主义形式推广到所有的领域。正如他所说,描述世界有诸多方式,但不能说某些方式比别的更忠实于事情本身,因为根本不存在事情本身。

当然,相比之下,某些理论对我们更加有用,从而更容易为我们接受。在我们眼里,这些理论自然也就更显而易见,无须赘述。所以我们
51 一般只会说:

"长颈鹿存在。"

而不是:

"根据我们接受的理论,长颈鹿存在。"

"长颈鹿存在"不是也不可能是个简单绝对的真理(正如罗蒂所说,"房间里有椅子"不是个简单绝对的真理);充其量它只有相对于我们觉得有用才接受的谈论方式,才是真理。

全面的事实相对主义:

九、不存在 p 这样的绝对事实

十、如果我们事实判断还有可能为真,那么像"p"这样的句子,不应该理解为表达了:

p。

而应该理解为表达了:

根据我们接受的理论 T,则 p。

十一、有各式各样的描述世界的理论,但不存在什么事实依据

让某些理论更加准确地描述了事情本身。

反驳全面相对主义:传统的论证

长久以来,哲学家都怀疑全面的事实相对主义很可能在根本上是不一致的。关于某个特定领域的局部相对主义,比如道德相对主义,也许不很合理,但至少看起来是一致的。相反,有很多哲学家认为全面的相对主义完全讲不通。这是为什么呢? 52

这种一再出现的传统反驳背后的大致想法是:**任何**相对主义的观点都得至少接受**某些**绝对真理,全面的相对主义却一口咬定绝对真理**不存在**,因此注定成为不一致的理论。

我同意这个反驳的结论,但我认为支持它的传统论证还不够有力。

托马斯·内格尔简洁地总结了传统的论证(他笔下的"主观"和"客观"对应于我说的"相对"和"绝对"):

> ……"一切都是主观的"这样的话毫无意义,因为这句话本身必须要么是主观的,要么是客观的。但是它不可能是客观的,因为这样一来,假如这话是正确的,它就错了;它也不可能是主观的,因为倘若如此,它就没能排除任何客观命题成立的可能,也就没有排除它自己在客观上错误的可能。或许有的主观主义者,把自己打扮成实用主义者,认为主观主义的观点也适用于自身。但这样的观点就不要求回应,因为它只不过是汇报了主观主义者青睐的说法。如果他还想要邀请我们入伙,我们不需理由就可以拒绝,因为他并没有提供接受的理由。①

① Thomas Nagel, *The Last Word* (Oxford: Oxford University Press, 1997), 15.

所以根据传统的论证，全面相对主义者陷入了两难困境。他们要么希望自己的观点成为绝对真理，要么只想把它视作相对真理，即相对于某些理论才是真的。如果是前者，那么他们就否定了自己，因为他们不得不承认至少有一个绝对真理；如果是后者，那么他们只是汇报了自己青睐的说法，我们完全可以不予理睬。

传统的论证指出，全面相对主义是自我否定的，但是相对主义者往往只把这当作聪明却无伤大雅的逻辑把戏。我认为这样的态度是错误的。一个关于真理、知识或者意义的，且具有相当一般性的观点，应用
53 于自身会是如何，这种问题永远都值得推敲。要是发现某个观点**按照它自身设定的标准**都是错误的，那么对它来讲，几乎没有什么损害比这更严重了。尽管如此，需要注意的是，这个传统论证并不明显的可靠，因为即使承认相对主义自身只是相对于某些理论才是真的，也不一定能推论出相对主义只是相对主义者自己“青睐的说法”。也许相对主义之为真，是相对于某个对我们大家（无论是相对主义还是非相对主义者）都有好处的理论。

因此，我觉得要证明全面相对主义是自我否定的，传统的论证不是特别令人信服。但是有一个更有力的论证可以达到这个目的。

反驳全面相对主义：另一个论证

全面相对主义者声称，以下这种形式的事实并不存在：

十二、恐龙存在过。

只存在另一种事实，即：

十三、根据我们接受的理论，恐龙存在过。

好吧，但这样一来，我们是不是应该认为后一种形式的（即有关我们接受的理论的事实）绝对事实存在呢？

做出肯定回答的相对主义者会面临三个问题。首先，也是最主要的，他本来希望说压根没有绝对事实，只有相对事实，现在不得不放弃了。他现在表达的观点是，只有关于各个社群接受何种理论的事实才是绝对事实。换句话说，他现在提出只有关于我们的**信念**的事实才是 54
绝对事实。这就不再是全面的相对主义了。

其次，这种相对主义本身也非常奇怪。很难相信，有关山峦和长颈鹿的绝对事实难以成立，但与此同时关于信念的绝对事实却毫无问题。这似乎刚好把事情弄反了。对哲学家们来说，心灵现象（而不是物理现象）才常常是最费解的，以至于他们有的干脆否认心灵事实，把心灵赶出他们眼中的世界。这样的哲学家被称为“取消主义者”，而多少有些反讽的是，理查德·罗蒂本人就是最有影响力的早期取消主义者之一。[①]

最后，相对主义者做出肯定回答，并不是因为他觉得心灵事实在某种意义上比物理事实更牢固可靠。因为倘若如此，他就需要一种跟自己惯常所用的非常不同的论证。他需要论证的不是绝对事实本身神秘费解，而是为什么某种特定的绝对事实，即关于物质的绝对事实（相比关于心灵的绝对事实），是神秘费解的。但相对主义者完全不是这样设想的。在他原来的想法里，绝对事实的可能性本身就是不一致的，无论是物理事实、心灵事实还是规范事实。

因此，对于是否存在类似命题十三描述的绝对事实这样的问题，做出肯定回答对相对主义者来说并不可取。但否定的答案意味着什么呢？

如果“我们接受了某个理论，根据该理论，恐龙存在过”不是简单

① 例子可参见 Richard Rorty, “Mind-Body Identity, Privacy, and Categories,” *Review of Metaphysics* 19 (1965) : 24—51。

55 绝对的真理，一定是因为这个事实只是相对于我们接受的理论而言才成立。这就是说，只有下面这样的事实才是事实：

> 按照我们接受的理论，我们接受了某个理论，而且根据后一个理论，恐龙存在过。

显然，类似的考虑可以一直重复下去。每次后退到一个新的论断，相对主义者都不得不说，这个论断不是简单绝对的真理，它只是相对于我们接受的理论才为真。

这样重复的结局就是相对主义者相信只有下面这种无穷事实才是客观事实：

> 按照我们接受的理论，我们接受了某个理论，且根据后一个理论，我们接受了某个理论，而且……恐龙存在过。

如果有人提议，我们的言论要有任何为真的希望，这些言论的意思都只能是我们既不理解也无法表述的无穷命题，这样的提议显然是荒谬的。

所以，全面的相对主义者面临的真正两难是：要么他阐述相对主义的方式并没有成功地表达“只有相对的事实存在”的观点，要么他的阐述方式意味着我们必须重新解释我们的言论，导致这些言论表达的无穷命题是我们自己既不理解也无法表述的。

在某种意义上，这个困难在一开始就应该很明显了。我们对相对主义的理解，来自于对局部相对主义的理解，后者往往限定在礼貌、道德这些特定的领域。但是局部相对主义都明确地承认绝对真理的存在：它们只是声称，如果某个特定领域里的判断要有绝对的真值条件，就必须先将它们相对化，相对于某些参照因素。经过这样的处理，判断就可以成为绝对的真理或谬误。所以，对于该如何避免承认绝对真理本身，局部相对主义并没有为我们提供参照的样板。

结　论

要落实“所有事实都是建构的”这个想法,可以有两种途径:切饼干式的建构主义和相对主义的建构主义。但是这两种版本都有严重的困难。切饼干式的建构主义难以应对因果性问题、概念能力问题以及异见问题。而相对主义的版本则面临着致命的两难处境:它要么是无法理解的,要么则不是真正的相对主义。

所以我们别无选择,只能承认客观的、独立于心灵的事实必须存在。

当然,上文的论证本身并没有表明哪些事实成立,哪些不成立;也没有表明哪些成立的事实是独立于心灵的,哪些则不是。

然而,一旦了解到在哲学上并没有什么东西阻碍我们承认独立于心灵的事实,也就可以明白我们其实没有理由怀疑自己一贯的信念:那些关于恐龙、长颈鹿、山峦等等的事实都是独立于心灵的事实。 57

第五章

捍卫认识相对主义

导　言

假如前两章的论证是正确的，我们就不得不承认，外部世界在很大程度上独立于我们和我们的信念。许多事情之所以发生，跟我们没有关系。如果要对世界有正确的认识，我们的信念就得准确地反映那些独立于心灵的事实。

当然，世界不会主动把自己印刻在我们的心灵上。为了认识真理，我们所做的是从可获取的证据中推断事情真相，力图在已有证据的基础上形成最为**合理**的信念。

面对已有的证据，是不是只有一种形成合理信念的方式？关于合理性的事实，是普遍的，还是会随着社群的不同而不同？

正如道德相对主义者认为没有普遍的道德事实，认识相对主义者
58 就认为没有普遍的认识事实，例如，一条证据能证成怎样的信念，是因社群的不同而不同的。如果他们是正确的，那么（至少表面上看来）不同的人，即使接受了同样的证据材料，也有可能合理地得出相反的结论。

于是，同等有效性的支持者完全可以同意我们对事实建构主义的负面评价，因为他在合理信念的建构主义观点上看到了成功的希望。

他可以放弃“**所有**事实都随着社会环境的不同而不同”这种观点，但同时坚持一个弱很多的观点，即“有关合理信念的事实随着社会环境的不同而不同”。

当然，如前所述，合理信念的建构主义观点，最好也明确采用相对主义的形式，不然就难免遭遇异见问题。所以我从此就这样假定：我们将会看到，不同于事实建构主义，理性信念的相对主义观点似乎可以获得一个有力论证的支持。

同之前一样，我们可以从理查德·罗蒂那里看到这种观点最清晰的表达。但让我们先从一段天文学简史开始。

罗蒂论贝拉明红衣主教

一直到16世纪，占据统治地位的宇宙观都认为：宇宙是一个被包裹在圆形外壳里的封闭空间，地球在中心，所有天体（包括恒星、太阳和行星）都围绕地球转动。托勒密和他的追随者们，以高超的智慧，把这种地心说发展成为一套复杂的天文学理论，能非常准确地预测天体运动。

尽管如此，在哥白尼转而研究星空之际，对于托勒密式的理论难以解释的一些现象（主要是某些行星的位置和分点岁差[①]），天文学家已经 59
积累了大量而详细的观测记录。

哥白尼的《天体运行论》于1543年出版。书中指出，如果假设地球每天自转一周，每年绕太阳公转一周，许多已知的观测可以得到更好的解释。几十年后，伽利略用最早的天文望远镜，为哥白尼的理论提供了非常有力的支持。哥白尼认为，行星与地球类似，地球不是唯一有天体环绕的中心，金星有相位变化，而且宇宙比人们过去以为的要大得

① 指天体自转轴方向的连续变化。——译注

多。随着伽利略的望远镜揭示了月球上的山峦、木星的卫星、金星的相位变化以及大量不为人知的恒星，宇宙观的一次彻底革新，已然准备就绪。

因为他的研究工作，伽利略被教庭指责为异端，并于 1615 年前往罗马为自己的观点辩护。[1] 代表梵蒂冈起诉伽利略的，是著名的红衣主教贝拉明。据说伽利略请贝拉明自己用望远镜看看，后者拒绝了，还称自己对于宇宙的建构有更好的证据，即《圣经》本身。

在评论这个事件时，罗蒂写道：

> 可是我们能不能就因此说，红衣主教贝拉明用来反对哥白尼理论的那些考虑因素（即《圣经》中对宇宙组成的描述）是“不合逻辑的、不科学的”？……（贝拉明）为自己的观点辩护道，我们有独立的（《圣经》上的）证据认为宇宙大致上是托勒密式的。他使
> 60 用的证据是不相干的吗？因而把证据局限于《圣经》就是“不科学的”吗？是什么决定了《圣经》上的内容不是研究宇宙构造的绝佳证据？[2]

罗蒂这样回答自己的问题：

> 因此在我看来，贝拉明……提出的考虑因素是否十分“不科学”，这个问题其实在于是否预先就有一套方法，可以确定各个陈述句之间的相关性，或者是否有某种“框架”（福柯的术语），可以确定怎样的证据能够支持关于行星运动的陈述。

---

① 参见 Giorgio de Santillana, *The Crime of Galileo* (Chicago: University of Chicago Press, 1955)，该书把思想史上的这一段故事描绘得引人入胜。

② Richard Rorty, *Philosophy and the Mirror of Nature* (Princeton: Princeton University Press, 1981) , 328—329.

> 我希望得出的结论显而易见：在伽利略被审判的时候，即17世纪前期，还不能使用直到17世纪后期和18世纪才出现的“框架”。在那个框架建立以前，任何可以设想的知识论，任何对人类知识的研究，都不可能“发现”它。在当时，对于什么算是“科学的”，相应的观点还在孕育的过程中。如果接受了……伽利略和康德共有的价值观，那么贝拉明的做法确实“不科学”。当然，今天我们大部分人……都愿意接受这些价值观。我们继承了三百年来的言辞，这种言辞一再强调严格地区分科学与宗教、科学与政治、科学与哲学等等，有多么的重要。这套言辞是欧洲文化的产物。对我们来说，幸运的是认识论或者科学史学里的一点小困惑，都不足以将其推翻。然而，宣布我们对这些区分坚信不疑，不等于说有什么“客观的”、“合理的”理由接受这些区分。可以说伽利略赢了那场论辩，而“近代哲学”从他的胜利中，逐步发展出了一套确定相关性和不相关性的框架，为今天的我们共同接受。但是，有什么理由可以证明，伽利略和贝拉明之争，同克伦斯基和列宁之争，乃至（1910年左右的）皇家学会和布卢姆茨伯里派之争，属于“**不同的类型**”呢？[①] 61

在这些引人注目的段落里，罗蒂表达了合理信念的建构主义 / 相对主义观点的基本信条[②]。伽利略宣称他掌握的证据使得接受哥白尼主义是合理的，贝拉明不但予以否定，还说对于宇宙的构造，他有比伽利略的观测更好的证据来源，即《圣经》本身。罗蒂认为，这两个论敌谁对谁错

① Richard Rorty, *Philosophy and the Mirror of Nature* (Princeton: Princeton University Press, 1981) , 330—331.

② 在相关文献中，也有其他的观点被这样称呼。本书主要关注的是罗蒂在这段话中表达的认识相对主义。在这种相对主义看来，认识判断都要被相对化，相对于不同思考者的认识观念预设，相对于（用罗蒂的话说）他们各自的认识相关性和非相关性的“框架”。在下一章中，我也将讨论其他形式的认识相对主义。

不是一个事实问题，因为对于什么证成了什么，就没有绝对的事实。其实贝拉明和伽利略只是采用了不一样的**认识系统**，采用了在根本上就不同的“框架”，这些框架“决定了什么样的证据可以支持关于行星运动的陈述”。哪个系统更“正确”，不取决于任何（认识论研究可以发现的）事实，就像没有事实能够解决孟什维克和布尔什维克的政治争论，或者布卢姆茨伯里派成员和皇家学会之间的美学争论。

罗蒂承认，既然我们接受了伽利略的系统，也就摒弃了贝拉明的系统，还称之为“不科学的”或“不合逻辑的”。但在罗蒂看来，这只是形式稍复杂的人身攻击罢了：我们只不过是在表达对于伽利略的系统的偏爱，只是在否决贝拉明的系统。这是因为，并不存在所谓“客观的……标准”，参照这种标准，伽利略的系统比贝拉明的更好，并且更准确地反映了有关合理性的客观事实。如果我们对于什么信念“合理”的判断
62 还有希望为真的话，那就不应该说有的信念（比如哥白尼主义）被可获得的证据（比如伽利略的观测结果）绝对地证成，而只能说相对于我们接受的那个认识系统，它是合理的或证成的。

值得注意的是，这种相对主义的观念并不受前几章的论证影响，因为它只建议把关于合理信念的那些事实（而不是所有的事实）相对化。

同样需要注意，对于我们之前坚持的事实客观主义，它也做了相当程度的让步。宇宙是哥白尼式的还是托勒密式的，的确可能取决于事实如何。但是这些相对主义者会争辩说，至于人们接受哪种宇宙观最合理，从不存在绝对的事实。充其量只有关于某个认识系统允许哪些信念这样的问题，才有绝对真理。但至于哪套认识系统更有吸引力，不同的人则可能有不同看法。

如果以上合理性的建构主义 / 相对主义立场能够成立，看起来就可以直接支持“有很多极其不同，但同等有效的认识世界的方式”这种

观点。[①] 不仅如此，正如我之前提到的，它似乎可以得到一个颇具说服力的论证支持。因此在接下来的三章里，我将着重关注这种观点。

认识系统和实践

罗蒂说，伽利略"'赢了'那场论辩，而'近代哲学'从他的胜利中逐步发展出了一套决定相关性和不相关性的框架，为今天的我们共同 63
接受"。先来看看我们这些后伽利略时代的人接受的所谓"框架"是怎么回事。

我估计本书的所有读者都会接受以下原则，不论是用于形成自己的信念，还是用于评价别人的信念：

> （**观察狗的原则**）如果在某个思考者 S 看起来，有只狗在他身前，那么他相信有只狗在他身前，在表面上是合理的。

即使是像这样一个简单的例子，也有几点值得注意。首先，我们实际上采纳的原则，远没有观察狗的原则这么简单直接。其他一些条件也需要满足，有的涉及思考者的视觉感官，有的则涉及外界环境。比如，如果有理由怀疑他的感官运作，或者当时光线暗淡，我们就会认为，他相信有只狗在自己身前尽管乍看起来是合理的，其实却不然。所以当我说，我们都赞同某个可以在观测基础上形成相应信念的原则，这里指的原则需要满足更多的条件限制，更类似以下这条：

---

① 相对主义者不需要说，这个观点之所以成立是因为存在许多差别很大但同样合理的认识世界的方式，因为这么说就等于承认了"合理的"这个词的（某些）用法是绝对的。他可以躲开这个陷阱，因为按照他的观点，说什么东西本身就是合理的，是没有意义的，只有说什么东西相对于某个被接受的认识系统是合理的，才有意义。

> （**观察狗的原则二**）如果在 S 看起来，有只狗在他身前，而且环境条件 D 满足，那么他相信有只狗在他身前，在表面上是合理的。

其次，关于狗的信念并没有什么特异之处。实际上，我们认为有某些命题内容（即**观察**内容），相信这些内容之所以合理，就是因为相应的观察：

> （**观察原则**）对于任何的观察命题 p，如果在 S 看起来 p 成立，
> 64 且环境条件 D 满足，则 S 相信 p 在表面上是合理的。

要弄清楚哪些命题内容算是在这种意义上的观察内容，哪些不算，这并不简单，但显然我们的确相信存在这样的分别（有关中等大小物体的形状的命题算是观察命题，但有关亚原子微粒的命题就不算）。

最后，我们刚刚见识到，要精确地说出（虽然仅是描述而已）我们使用了哪些认识原则，是很困难的事情。这些原则的具体细节极其复杂，甚至连研究这个问题多年的哲学家，对于这些原则的表述都很难不遇到反例。所以，在什么意义上说这些原则构成了**我们的**认识活动呢？

显然，这里的意思不是说我们明确地**理解**观察原则，而是说我们**运用**观察原则：它**隐含**于我们的实践活动，而不显现于我们的表达。我们可以运用这个原则，虽然当别人问起时，我们很难说出自己遵循的原则究竟是什么。这种情况远不限于知识领域。我们的**语言**行为同样受控于一个极其复杂的原则系统，然而我们还没能把这些原则完全表述清楚。①

---

① 我一再提到我们遵循各种规范和原则。但是更常见的说法是我们遵循**规则**。规则经常是用命令句表达的（“如果 C，去做 A！”），而原则一般是用陈述句表达的。我在这里不能展开说明为什么我避免使用“规则”这个词，但我想指出，还是有很多我们称为

观察原则属于“生成”原则：它以一个知觉状态（本身不是信念）为基础，生成一个合理的信念。我们运用的认识原则，还有许多是“传递”原则，它们规定的是从一些合理信念可以得出哪些别的合理信念。 65

我们所说的**演绎有效的**推理就是传递原则，根据这种推理，如果前提为真，结论也必然为真。例如：

> （**假言推理—雨**）如果S合理地相信明天要下雨，也合理地相信如果明天下雨那么街道会淋湿，则S相信明天的地面会淋湿，也是合理的。

另一个例子则是合取分解原则：

> （**合取分解—雨**）如果S合理地相信明天会下雨且明天天气寒冷，则S相信明天天气寒冷，也是合理的。

更一般的说，我们赞同以下原则：如果某思考者合理地相信一个命题，那么他相信这个命题明显的逻辑后承，也是合理的。

> （**演绎原则**）如果S合理地相信p，且p很明显的蕴涵q，那么S相信q，也是合理的。

（跟先前一样，如果想要把握我们真正采用的认识原则，这个表述还需要许多修订。但讨论该如何修正对我们目的不大重要。）①

“规则”的东西（比如象棋里的王车易位规则），都是用陈述句而不是命令句表达的。

① 关于可能需要的进一步限制条件，参见 Gilbert Harman, “Rationality”, in *Reasoning, Meaning, and Mind* (Oxford: Clarendon Press, 1999), 9—45, and Gilbert Harman, *Changes in View: Principles of Reasoning* (Cambridge, Mass: The MIT Press, 1986), ch.1。

我们的许多推理都是演绎的，但也有很多不是，也不可能是。如果问问自己是怎么知道一下雨街道就会淋湿，我们会回答是依据**经验**：一下雨街道就会淋湿，这是我们观察到的规律。但正如大卫·休谟指出的，经验只能告诉我们过去和当下发生的事情。如果用有关下雨的经验，
66 来预测假如明天下雨会发生什么，或者来对遥远的地方是什么情况形成信念，我们就不是在进行演绎推理，而是在进行**归纳**推理了。下面这句话：

> 过去只要一下雨，街道就淋湿了。

在逻辑上并不蕴涵：

> 以后一下雨，街道也会淋湿。

严格来讲，“尽管从前下了雨街道就会淋湿，但是以后就不会这样”并不是个逻辑矛盾。这样的情景固然奇怪，但也不是自相矛盾的。事实上在这样推理时我们假定了，对于此地此时雨情的经验，为我们怎样看待别处彼时的雨情，提供了很好的但并非决定性的理由。这背后的推理可以表达为以下原则：

> （**归纳原则**）如果 S 相当频繁地观察到某种事件 B 随着另一种事件 A 发生，那么他相信事件 B 总是随着事件 A 发生，是合理的。

无需赘言，这样表述的归纳原则还很粗略，需要一些限定。但是我们的讨论可以继续下去，不必受这些问题的影响。

观察原则、演绎原则和归纳原则，在我们日常的、“后伽利略”的认

识系统中,组成了大部分的**基础**原则,哪怕不是全部。(在很大程度上,我们称为“科学”的建立信念的方式,就是对这些常见原则的严格运用。)一个原则是“基础的”,意即它之所以正确,不是因为它是由别的正确原则衍生的。基础的和衍生的认识原则,二者的分别对于后文颇为重要,所以我在这里需要稍作展开。

假设我运用前文叙述的认识原则得到结论:对于纽约哪天有什么
现场音乐演出,诺拉是个可靠的向导。每次我问她这种问题,她都可以 67
信手拈来所有的相关消息,而且她的消息总是被经验观察证实,诸如此类。因此我采用下面这个新的认识原则是合理的:

> (**诺拉原则**)关于纽约哪天有什么现场音乐演出的问题,如果诺拉对S回答p,则S相信p是合理的。

很显然,诺拉原则对于我的认识系统来说不是基本的,而是由其他的认识原则推衍出的:要不是那些原则,我就不会接受诺拉原则。

相反,观察原则似乎完全不同:它是基础的,而不是衍生的。任何用以支持观察原则的证据,看起来都需要依赖观察原则本身。

接下来,我们的兴趣自然是主要集中在基础原则上,这些原则(如果能被证成的话)只能自己证成自己。

有的哲学家坚持认为,我们的认识系统还需要另一个原则,即:

> (**最佳解释推理**)如果S合理地相信p,还合理地相信对p的最佳解释是q,则S相信q,是合理的。

除此之外,有些哲学家希望加上有关**简洁性**在我们的思考中所起作用的一些假设。还有些哲学家把问题变得更加复杂:他们侧重的不是信念,而是信念的程度,以及有关概率的假设在确立信念程度时所起的作用。

我们还可以一直继续下去，把日常认识系统描绘得更加详细。但是这对于我们当前的目的来说没有必要。我们已经有足够的素材来探讨相对主义者的说法：什么证据证成了什么结论，并不存在相应的绝对事实，只存在像特定的认识系统允许什么（或不允许什么）这类相对事实。

先暂时回到伽利略和红衣主教贝拉明之争。在罗蒂的叙述里，贝拉明所坚持的另一种认知系统是什么，并不特别清楚。我们可以大致合理地推断，该认知系统的一个基础原则大致如下：

> （**启示原则**）对某个命题 p（包括关于宇宙的命题），如果 p 是《圣经》中上帝的启示，那么相信 p，在表面上是合理的。

因为《圣经》的确说过宇宙是托勒密式的，所以相信宇宙是托勒密式的，就是合理的。与此相反，我认为在**我们**看来，哪怕是表面上来自于神的启示，也要让步于我们基于观察原则、演绎原则、归纳原则和最佳解释推理原则而建立的理论。

在当代西方社会，大部分普通人（非原教旨主义者）都不会支持用《圣经》里的宇宙观来代替科学所揭示的宇宙图景。对于那些支持者，我们也不会心平气和、听之任之。

罗蒂承认，面对这两种观念引起的分歧，我们的态度并不宽容。他和维特根斯坦遥相呼应，后者在《论确定性》中写道：

> 611. 当两种不可调和的原则遭遇时，一方都会把另一方称为傻瓜和异端。①

① Ludwig Wittgenstein, *On Certainty*, ed. G.E.M. Anscombe and G.H. von Wright, trans. Denis Paul and G.E.M. Anscombe (Oxford: Basil Blackwell, 1975).

但是罗蒂坚称，这种言辞上的激烈交锋，掩盖了以下事实：要评判认知系统的优劣，其实没有什么独立于认知系统本身的事实根据。 69

维特根斯坦和阿赞德人

刚才引自维特根斯坦的话，背景是《论确定性》中的一系列短评：

> 608. 我用物理学里的命题来指导自己的行为，这样做错了吗？我应该说这样做没有好的根据吗？但这不正是我们所谓的“好的根据”吗？
>
> 609. 假设我们遇到一群人，他们不认为物理学是个强有力的理由。这种情景该如何想象呢？他们不是向物理学家咨询，而是求教于神谕。（因此我们觉得他们原始落后。）他们求教于神谕，并由神谕来指导自己的行为，这是错误的吗？——如果说这是“错误的”，那我们岂不是以自己的语言游戏为基地，来**打击**他们的语言游戏吗？
>
> 610. 我们这样打击，是对还是错呢？当然，我们有各种各样的口号可以用来支持这样的行为。
>
> 611. 当两种不可调和的原则遭遇时，一方都会把另一方称为傻瓜和异端。
>
> 612. 我说我会“打击”对方——但我不是会告诉他**理由**的吗？没错，可理由能一直给下去吗？理由用尽，就只剩下劝导。（想象传教士让土著人改信上帝时，事情经过是怎样的。）

尽管在维特根斯坦的描绘里，那个求助神谕的社群好像只是虚构，但其实他通过詹姆斯·G. 弗雷泽和 E.E. 埃文思—普理查德等人类学家的著作，对现实的例子非常熟悉。[1]

现在我们来看看埃文思—普理查德研究的阿赞德人。在他的笔下，阿赞德人在很多方面跟一般的西方人非常相像，他们对世界的许多日常信念也与我们一致。比如，他们相信可以在谷仓的阴影里乘凉，相信
70 白蚁能够蛀空谷仓的地基，导致谷仓有时候会出人意料地倒塌，他们也相信又大又重的东西会砸伤人。

然而，一旦谷仓砸伤了在阴影里乘凉的人，阿赞德人考虑的不是自然的原因，而是把这个不幸的事件归因于巫术。在他们眼里，所有灾难都要用巫术来解释。

阿赞德人还相信，巫师是他们自己群体的成员（一般是男性），这些人的肚子里都有一种特殊的巫术物质。他们认为，这种物质由男巫师传给他所有的男性后代，而且可以在尸检时看到。当某次巫术攻击尤其严重时，人们会力图发现谁应当对此负责。

为了回答这个问题，受害人的某个近亲会带着嫌疑人的名字去求助神谕，并问一个“是或否”的问题。同时，会有专人给一只小鸡喂食少量毒药。通过小鸡的死法，神谕可以指示答案是肯定的还是否定的。这套程序不仅仅被用来解决哪个巫师发动了攻击的问题，还被用来处理阿赞德人生活中大部分重要问题。

所以，看起来对于很多命题（是谁造成了灾难，明天是否下雨，狩猎会不会成功），阿赞德人使用了跟我们非常不同的认识原则。他们使用的，不是最佳解释推理或者归纳原则，而是类似下面这个原则：

> **（神谕原则）**对于某个命题 p，如果毒药神谕指示 p，那么相信 p，在表面上是合理的。

---

[1] 参见 James G. Frazer, *The Golden Bough: A Study in Magic and Religion*, 3rd edn, reprint of the 1911 edn. (New York: Macmillan, 1980) and E.E. Evans-Pritchard, *Witchcraft, Oracles and Magic among the Azande* (Oxford: Clarendon Press, 1937)。

这种解决问题的方式，似乎跟我们的认识过程区别很大；至于这算不算是在根本上不同于我们的认识系统，我们留待后文探讨。现在我先假设它确实在根本上不同。 71

有的学者还认为，阿赞德人在另一个重要的方面也跟我们有分歧——他们的演绎**逻辑**跟我们的不同。

前面提过，阿赞德人相信巫术物质通过父系遗传。从这个信念应该就能推出，只要清楚确定了一个人是巫师，就可以得知一个家族的男人都是巫师或将成为巫师。这可以用假言推理证明。如果 x 是巫师，则 x 的所有父系男性后代都是巫师。x 是巫师（假设这可以得到独立的验证，无论是通过神谕或是尸检），所以，他所有的男性后代都是巫师。

可是阿赞德人似乎并不接受这样的推理。埃文思—普理查德说：

> 在我们看来，如果一个人被证明是巫师，那么显然他氏族的成员就都是巫师，因为阿赞德人的氏族成员是由男性一方的血缘纽带联系起来的。阿赞德人明白这个论证的涵义，但不接受其结论，而且，如果他们接受的话，整套巫术观念就会陷入矛盾。[①]

阿赞德人似乎认为只有已知巫师的父系近亲才是巫师。有的学者由此提出，阿赞德人使用的是一套与我们不同的逻辑，不允许毫无限制地使用假言推理。[②]

① Evans-Pritchard, *Witchcraft, Oracles and Magic among the Azande*, 34.

② David Bloor, *Knowledge and Social Imagery*, 2nd edn. (Chicago: University of Chicago Press, 1991), 138—140.

为认识相对主义辩护

我们暂且承认，阿赞德人和1630年左右的梵蒂冈教廷所使用的，是与我们**在根本上**不同的认识系统：他们的非衍生认识原则和我们的
72 相去甚远。

让我们也承认，这些系统相对于我们使用的系统，是我所谓**真正的异项**：给定同样的前提和证据情况，它们会对什么信念是合理的做出**相反的判断**。（有必要加上这个条件，因为我们要保证现在讨论的认识系统之间不仅有差别，而且对于某个信念是否合理的评判结果互不相容。）

借助上一章建立的模板，我们可以这样表述认识相对主义：

认识相对主义：

一、某条信息证成了什么信念，这不是一个绝对的事实。（认识的非绝对主义）

二、如果某人S的认识判断还有可能为真，那么他所说的“E证成了信念B”就不应该被理解为表达了：

E 证成了信念 B。

而是应该被理解为表达了：

根据我，即S，所接受的认知系统C，信息E证成了信念B。（认识相对主义）

三、有许多在根本上不同的、真正相异的认识系统，但不存在什么事实根据使得某个认识系统比其他的更正确。（认识多元主义）

这样表述的认识相对主义，表面上似乎很有些令人费解的地方。但我建议先不在这些地方停留，而是等到我们有机会了解了它的正面论据

之后，再回过头来讨论。以上这种形式的相对主义跟普遍的事实相对主义不同。后者很难辩护，这我们在上文中已经看到了，但是我认为，前者可以得到表面上非常有力的支持。这种支持来自于以下论证： 73

支持认识相对主义的论证：

一、关于什么证据证成了什么结论，如果存在绝对的认识事实，那么对于这样的认识事实，应该可能形成合理的信念。

二、对于哪些是绝对的认识事实，不可能形成合理的信念。

所以

三、不存在绝对的认识事实。（认识的非绝对主义）

四、如果不存在绝对的认识事实，那么认识相对主义是正确的。

所以

五、认识相对主义是正确的。

这个论证显然是有效的（valid）。所以唯一的问题在于它是不是可靠的（sound）。[1]

我建议我们略过前提四。它引出的问题既微妙复杂，又可能偏离主题，所以为了继续讨论，在后文中我会简单地假定它是正确的。缘由是这样：按照我所阐述的认识相对主义观念，当我们说：

① 一个论证是“有效的”，是指如果该论证前提都为真，则其结论必然为真。一个论证是“可靠的”，是指该论证不但有效，而且前提都为真。有效性是可靠性的必要但非充分条件。——译注

（甲）“E 证成了信念 B。”

我们想表达的是一个事实判断，它可以被评判为真或者为假。根据非绝对主义的说法，这种形式的非相对事实并不存在，上面的句子也就不能表达非相对的事实，所以相对主义者们要求我们把这种判断理解为关系性判断，其内容只是不同的认识系统都分别要求和允许什么。

但是，正如我们在前一章提到的，有的哲学家认为规范性命题都不是事实判断，认识命题也不例外。在他们看来，像命题甲这种形式的判
74 断，应当被理解为表达了说话人的心灵状态。例如，根据艾伦·吉伯德的著名方案，它表达了说话人对某个规范系统的接受，该系统允许在条件 E 下相信 B。[①] 这些哲学家，我们可以称之为**认识判断的表达主义者**。这种意义上的表达主义者，或许很愿意认可认识的非绝对主义，但是他拒绝接受认识相对主义的第二个部分，拒绝把认识判断重新解释为关系性判断。

在知识或其他领域，这种表达主义是否真能站得住脚，它对规范性判断的观点是否令人信服，这些都是我现在无力顾及的大问题。[②] 为了让认识相对主义获得尽可能有力的支持，我建议现在姑且承认前提四。因此我将假定，一旦认识的非绝对主义得到了可靠的论证，那么认识相对主义也就有了保障。我接下来将考虑的问题是这样的论证是否存在。

现在，我们把注意力转向用以论证认识的非绝对主义的两个前提。先从第一个前提开始。该前提指出，如果有绝对的认识事实，则一定有可能对这些事实是什么形成合理的信念。

也许在有些人听起来，这个前提的意思比它实际上表达的意思

---

① Allan Gibbard, *Wise Choices, Apt Feelings: A Theory of Normative Judgment* (Cambridge, Mass: Harvard University Press, 1990).

② 相关讨论可参见拙文 “How are Objective Normative Reasons Possible,” *Philosophical Studies* 106 (2001): 1—40。

更强。

对于第一个前提来说,我们是否能够彻底了解绝对的认识事实,这并不重要。那些规定信念怎样才算合理的认识规范,或许极其复杂难解,我们的实际能力要被高度理想化之后,才能完全明白它们是怎么回 75
事。但是,只要我们能够大致了解这些规范,只要我们能够排除与它们**极度**不同的异项,那么就算我们无法在两套差别不大的规范中选定其一,这已经就足够使得第一个前提成立。

如果这样限定第一个前提,那么它几乎不需要任何辩护。每当我们信心十足地判定,在一定信息的基础上形成某个信念是合理的,我们都默认了这种事实不仅是可知的,还是已知的。而且在研究认识论的时候,我们还假定它不仅是可知的,更是先验地可知的。的确,如果一方面坚持认识真理的绝对主义,另一方面又断言这些真理不可能为我们所了解,这样的绝对主义有什么意义呢?(类比:如果一方面坚持道德真理的绝对主义,另一方面又断言这些绝对真理不可能为我们所了解,这种道德真理的绝对主义有什么意义呢?)

所以,假设我们承认了第一个前提,无论是因为它看起来言之成理,还是因为按照我们的定义,认识的绝对主义已经预设了有关合理性的事实(大致上)是可以了解的。但下一步的问题是,我们为什么要接受第二个前提,承认这种事实是不可知的?

设想在某些情况下,对于哪些是绝对的认识事实的问题出现了争议。我们遇见了贝拉明或者阿赞德人,他们都质疑我们对于这些事实的看法是否正确。我们认为伽利略的观测证成了哥白尼主义,他们说我们错了;而我们从自己的立场回应道,他们否认伽利略的观测证成了哥白尼主义,那才是错的。之前说过,如果这里的争论是对客观事实问题的争论,那么我们应该还是能够判定孰是孰非。但是,我们怎么让他们认识到自己看法的错误呢?

当然,首先要证明,我们的判断是: 76

> 如此这般的考虑证成了哥白尼主义。

这种判断可以从我们接受的一般性的认识原则，从我们的认识系统，推论出来。但这不过是把关键问题推后了一步。为什么认为我们的认识系统是正确的，而他们的就不是呢？这个问题现在该怎么解决呢？

对他们（也是对我们自己）说明我们的认识系统是正确的，而他们的是错误的，我们需要**证成**我们系统的原则比他们的更加合理，需要提出一些**论证**，来证明我们的系统在客观上比他们的更加优越。但是这样的论证都需要使用某个认识系统，都需要依赖于某些特定的、有说服力的认识原则。我们该采用哪个认识系统呢？

我们自然会采用自己的认识系统。毕竟我们认为自己的系统才是正确的，他们的系统是错误的。这也正是我们想要证明的。用一个无法产生合理判断的系统，来证明我们是合理地相信自己的系统是正确的，这样做恐怕希望不大。

然而同样自然的是，他们也会用他们自己的认识系统来判断孰对孰错。

假设现在我们和他们都发现，各自的系统都支持自身，反对对方。严格来讲，这个结果不是必定的，因为有些原则的集合是**自我否定**、反对自身的，也有的集合可以**包容**一定程度的分歧。但是一个足够完善的认识系统，还是很可能支持自身的。

这样一来，就有了两套自我支持但相互对立的认识活动。我们证明了任何实质性的结论了吗？我们真的能就此宣布，已经证明了自己的认识原则是正确的，还证明了他们的原则是错误的吗？我们能够称
77 对方为“错误”吗？

回想一下维特根斯坦的话：

> 他们求教于神谕，并由神谕来指导自己的行为，这是错误的吗？——如果说这是“错误的”，那我们岂不是以自己的语言游戏为基地，来**打击**他们的语言游戏？

维特根斯坦的意思是：如果我们继续把对方称为“错误”，我们只是在**坚称**我们的活动优于他们；我们不能坦诚地宣称，已经理性地证明了他们的系统是错误的。

维特根斯坦的指责，可以做两种不同的解读，对认识绝对主义的威胁有大有小。

按照威胁性更小的解读，维特根斯坦的话可以这样理解：你的系统优越于对手，对于这一点，也许你确实有所证明，但是你的证明在争论中是没有效果的：你的对手将会丝毫不为所动，而且他们这样做有十足的理由，因为对他来说你的论证是循环的。以你自己的标准，你的证明或许有实质性的内容，但以他的标准则不然。

对于这个反驳，客观主义者可以合理地回答道：你说的可能没错，但即便如此，这也是他们的问题。他们执迷不悟，听不进我完全合理的论证，这并不是我的错。

但是还有一种更具说服力的解读：我们的论证，对证明我们的系统正确毫无裨益，不单在对手看来是这样，甚至在**我们自己**看来也是一样。

关键在于，我们**自己**似乎都承认，想要证明我们的认识系统正确，用**这个系统本身**来证明，是没什么希望成功的。正如理查德·富梅顿所言： 78

> ……如果有一套知识或合理性的观念，允许某种推理自己证明自己的正当性，那么这样的观念在哲学上是不值一提的。[①]

① Richard Fumerton, *Metaepistemology and Skepticism* (Lanham, Md.: Rowman & Little Field, 1995), 180.

富梅顿确有见地。要是我们真觉得,某个迥异的认识系统对我们自己的认识系统提出了疑问,因而也要求我们实打实地证成自己的系统,那么证明我们的系统是自我肯定的,对于这项任务有什么帮助呢?假如我们有理由怀疑自己的原则是否产生真正合理的信念,那么即使我们能通过这些原则,构造一个支持这些原则本身的论证,这能令我们感到宽慰吗?怀疑这些原则,原本就是怀疑那些由这些原则产生的信念有何价值。

如果这些考虑是正确的,那么似乎即使**在我们自己看来**,哪个认识系统是正确的这个问题一旦提出,就没有希望解决。因此我们似乎不得不承认,如果存在关于合理性的客观事实,这些事实也是不可知的。[①]

这样一来,相对主义的论证就大功告成了。当一种认识活动面临另一种在根本上不同的、构成真正异项且自我支持的认识活动时,顶多只能声称以自身的标准判断,自己是正确的,对方是错误的。但这不足以**证成**它比别的认识活动更优越,否则就会陷入循环论证。如果问题在于哪种活动更好,自证是没有助益的。对于各自的活动,双方都可以提出**循环规范的**证成,但也就仅此而已。所以,无论是争论的哪一方,
79 有什么权利说自己对合理信念的见解更为优越呢?看起来,我们别无选择,只有承认,正如维特根斯坦在《哲学研究》中所说:

> 要是我刨根问底,穷尽理据,最终就碰上了坚硬的岩床,铲子
> 80 也撞弯了。这时我就会坦承道:"我是这么做的,仅此而已。"[②]

---

① 我在表述对认识相对主义的这个论证时,故意省略了一些重要的区分。在本书第七章我们再回头探讨这些区分。

② Ludwig Wittgenstein, *Philosophical Investigations*, trans. G.E.M. Anscombe (Oxford: Blackwell, 1953), para. 217.

第六章
反驳认识相对主义

理性和理由

托马斯·内格尔在他论述理性的客观性的著作中表示,我们无需为这类基于规范循环性的论证困扰:

> 如果某人用茶叶占卜作为解决事实和实践问题的方法,而一旦遭到挑战,他就用茶叶占卜的结果来回应,那么他的做法显然是荒谬的。用理性本身来思考对理性的挑战,为什么就不同呢?[①]

内格尔这样回答自己的问题:

> 答案在于,这种挑战本身就默许了对理性的使用,而这正好说明,这种挑战是不可理喻的。指责对方使用循环论证,意味着还存在着别的可能:可以一边悬置对被挑战的观点的判断,一边考察有什么支持和反对它的理由。但是在理性遭到挑战的时候,这种可

① Nagel, *The Last Word*, 24.

> 81 能性并不存在，因为任何对推理的客观有效性的挑战，都不可避免地要提出反对理由，而这些理由也必须被理性地评价。辩护者在回应挑战时使用理性，不是无缘无故的，而正是挑战者的反驳所要求的。与此相反，对茶叶占卜权威的挑战，本身并不要求使用茶叶。[①]

对于那些质疑为我们的信念寻找和提供理由意义何在的人，内格尔的评论是很好的回应。在反驳这种怀疑者时，内格尔正确地指出，挑战本身就许可了对理性的使用，因为这些怀疑者只能表现出自己好像确实有理由怀疑理性的效用，除此之外别无他法。

但是，规范循环性的问题，首先并不是在挑战理性本身，而是在挑战某些具体的推理形式的客观有效性。没有必要把茶叶占卜师描绘成非理性主义者，反对理性本身，我们应该把他看成提供了异类的推理形式。如果我们坚称，这种异类的推理形式其实并没有真的证成它的结论，那么我们就必须解释，我们自己的方法到底优越在什么地方。可是，如果我们最多只能以规范循环的途径来支持自己的方法，那茶叶占卜师岂不是也可以这样做吗？[②]

规范循环性对认识客观主义提出的问题，不是那么容易应付的。尽管如此，我还是同意内格尔，认识相对主义不是一个可以站得住脚的观点。它错在什么地方呢？

传统的反驳

我们在上一章中已经看到了对真理相对主义的传统反驳。应用到
82 我们现在关心的话题，即认识合理性，我们可以将传统反驳翻译成更合

① Nagel, *The Last Word*, 24.

② 同之前一样，这里的意思并不说所有认识规范都肯定是自我支持的，而只是说有些非常不同的规范是自我支持的。

适的表达方式，大意如下：

> “没有什么东西在客观上是合理的，合理性只有相对于这个或那个认识系统才成立。”这样的话毫无意义，因为这句话本身必须要么是客观上合理的，要么相对于某个特定的认识系统，才是合理的。但是它不可能是客观上合理的，因为这样一来，这句话要是正确的，它就错了；它也不可能只是相对于相对主义者自己的认识系统，才是合理的，因为这样一来，这只不过是报告了他自己偏爱的说法。如果他还想要邀请我们入伙，我们连拒绝的理由都不需要，因为他并没有提供让我们接受的理由。

不过跟上次一样，这里的错误出在反对主观主义的部分。如果相对主义者宣称，相对主义只是相对于他（该相对主义者）的认识系统才是合理的，这并不意味着他只是表达了“他自己偏好的说法”。实际上，这甚至都不意味着相对主义只是相对于相对主义者**独有的**认识原则才是合理的。他的意思可能是说，证成相对主义的原则是相对主义者和非相对主义者都接受的。我们能够做出的所有假定都无法排除这种可能性。所以我们不能够立刻认定，如果相对主义者选择这种回应，我们就可以对他忽略不计。

我们其实已经看到了，上一章对相对主义的论证只依靠两个前提。

第一个前提：要评估认知系统的优劣，总是需要依赖一个认识系统才可能进行，虽然具体选取哪一个并不一定。第二个前提：如果某种合理性的概念允许一个推理形式自己证成自己，那它就是不值一提的。这两个前提看起来都有道理；至少在**我们**看来，两者显然都有道理。如果相对主义者用这个论证为自己的观点辩护，我们就很难以“他的观点只对相对主义者来说才合理”为由将他否决；对于我们而言，他的观点也会显得合理。 83

这些原则似乎为相对主义提供了支持。那么,客观主义者有什么权利可以选择无视相对主义呢?

接受认识系统

尽管对于认识相对主义的传统反驳并不是特别有力,其他的反驳还是可以奏效的。

我们先来看看具体的、没有相对化的认识判断,例如:

一、伽利略的观测证成了哥白尼主义

相对主义者认为,这样的判断都注定是错的,因为关于证成的绝对事实是不存在的。他们主张,如果要保留认识话语,我们就必须改变表达方式,不再简单地说某个证据证成了什么,而只说根据我们恰好接受的认识系统,那个证据证成了什么。并且同时还要记住,不存在什么客观事实基础,使得我们这个系统比别的系统都更准确。于是:

认识相对主义

1. 某条信息证成了怎样的信念,这不是一个绝对的事实。(认识的非绝对主义)

2. 如果某人S的认识判断还有可能为真,那么他所说的"E证成了信念B"就不应该被理解为表达了:

E证成了信念B。

而应该被理解为表达了:

根据我,即S,接受的认知系统C,信息E证成了信念B。(认识相对主义)

84 3. 有许多在根本上不同的、真正互为异项的认识系统,但不存

在什么事实根据使得某个认识系统比其他的更正确。(认识多元主义)

所以如果我们接受相对主义者的建议,我们就不再断言命题一,而只断言命题二:

二、根据我,说话者本人,接受的认识系统,即科学,伽利略的观测证成了哥白尼主义。

之前说过,一个认识系统是由一般性的规范命题(即认识原则)组成的,这些认识原则具体地规定了在什么条件下某类信念是合理的。特定的认识判断一般涉及到特定的个人、信念和证据条件,比如:

三、如果在伽利略看起来,月球上似乎有山峦,则伽利略相信月球上有山峦,是合理的。

但认识原则的内容则更具一般性,比如:

(**观察原则**)对于任何的观察命题p,如果在S看起来p成立,且环境条件D满足,则S相信p,在表面上是合理的。

换言之,显而易见,组成一个认识系统的认识原则只是特定的认识判断更具有**一般性的**形式。它们也是表明某个信念在什么情况下绝对合理的命题,两者区别只是认识原则的陈述更具一般性,无须提及具体是谁,在什么时间,有什么证据,持什么信念。

然而,如果相对主义者的核心观点认为,具体的认识判断**全都是错的**,因此必须替换成有关我们恰好接受的认识系统蕴涵什么的判断,那 85

么这个观点就意味着，组成我们的认识系统的那些认识原则也肯定是错的：毕竟它们也是同一类命题，只是内容具有一般性而已。

如果具体的认识判断和认识原则的关系，类似以下两个命题的关系：

四、杰克是不会死的。

五、人都是不会死的。

那么要是有人觉得命题四是错的，他也就不得不说命题五也是错的。这里完全没有回旋的余地。

假设我们接受了这一点，因而同意组成认识系统的诸多认识原则都是错的。为什么这会给相对主义者带来麻烦呢？哪怕认识系统是由错误的命题构成，但对于这些命题蕴含什么，不蕴含什么，还是可以有正确的表述。

这里的问题在于，我们已经看到，对于相对主义的观点来说，重要的是思考者**接受了**一套特定的认识系统，即他们**赞同**诸多认识系统中的某一个，然后才能谈论他们允许什么，不允许什么。否则我们甚至都不能弄明白，所谓伽利略认为他有**相对的**理由接受哥白尼主义，以及说贝拉明认为他有相对的理由反对哥白尼主义，到底是什么意思。

然而，一旦我们接受了相对主义者的核心观点，即不存在关于合理性的绝对事实，进而断定组成认识系统的命题全都是错误的，那我们怎么还能继续接受那些认识系统呢？

相对主义者指出，对于什么证成了什么，我们应该停止做绝对判
86 断，而只说从我们接受的认识系统中能推论出哪些认识判断。

可是，很难想象我们怎么能够前后一致地遵循他的建议。既然组成认识系统的只是关于什么绝对地证成了什么的一般命题，那么一方面禁止我们做关于什么证据证成了什么结论的**特定**判断，另一方面又

准许我们**接受**关于什么证据证成了什么结论的、绝对的**一般**判断，这就完全说不过去。但实际上，这正是认识相对主义者建议的。

同样地，既然承认一组命题全是错的，那就很难解释为什么要在意从这组命题中可以推论出什么。如果我们确信某个认识系统是由清一色的错误命题组成的，那么这个系统对我们能有怎样的规范性权威呢？

对于“认识合理性没有绝对的标准”这个所谓的新发现，认识相对主义的态度似乎前后并不一致。

认识系统是不完整命题的集合？

认识相对主义面临的这些问题，全都来自一个假设：类似命题一（伽利略的观察证成了哥白尼主义）这样的日常认识言论，都表达了完整的、可以判定真假的命题。有了这个假设，相对主义者就别无选择，只能说这些认识判断全是假的，只能从相对主义的角度看待它们，将其视作是由一组假命题蕴涵的结论，而这些假命题本身跟它们相似，但更为一般。

所以，问题就是明摆着的了：这个假设是可有可无的吗？

看起来似乎是的。可以这么想：要摆脱有关认识合理性的绝对事实，我们实际只需要以下形式的判断： 87

> 伽利略的观察证成了哥白尼主义。

为**非真的**；严格来讲，我们无须把这些判断视作**假的**。当然，一个判断为非真的，可以有两种原因，而为假只是其中之一。另一种则是因为该判断是**不完整的**。例如，考虑以下命题片段：

汤姆比……个子高。

这个命题不可能是真的,这倒不是因为它是假的,而是因为它是个不完整的命题片段,不能评判真假。它是不完整的,所以是非真的。

这提示了阐述认识相对主义的另一种方式。假设相对主义的核心观点认为,像命题一这样的句子是不完整的,所以是非真的。那么,相对主义者发现,要引入认识系统才能把这些句子补充完整,然后评判它们的真假才有意义。这另一种阐述方式不就避免了我们刚才揭示的问题吗?

就让我们假定,类似"伽利略的观察证成了哥白尼主义"等命题都是不完整的,就像"汤姆比……个子高"明显是不完整的一样。然后假定我们把它补充完整:相对于认识系统C,伽利略的观察证成了哥白尼主义。

然而,我们还是需要用同一套词汇,来表述日常的认识判断和构成认识法则的命题。这就带来了以下问题。

首先,正如很难设想有人明知一组命题都是假的仍然全盘接受,同样也很难设想有人明知一组命题都不完整也要接受。因此,要赞同相
88 对主义者的这个提议,看来实在勉强。

其次,如果组成认识系统的命题是不完整的,那问题就在于,这样的命题几乎什么观念都构成不了,遑论认识合理性的观念。在构成任何事物的观念之前,这些命题得先补充完整。但是,要让它们变完整,我们所知的唯一办法就是引入认识系统。可这样一来,我们就陷入了恶性的无穷后退:对于那些构成特定社群的认识系统的认识合理性观念,我们永远不能成功地予以说明。

再次,我们应该怎么理解"相对于某个认识系统C"这个说法呢?我们之前说过,构成认识系统的命题,和日常的认识命题,都是不完整的,所以这种相对关系不能是逻辑上的蕴涵关系。因此,应当把"相对

于某个认识系统 C”理解成某个信念的合理性和某套认识系统之间的非逻辑关系。但这种非逻辑关系又到底是怎么样的呢？

出于以上原因，我们即使放弃了认识系统都由完整的命题构成这个假设，似乎对拯救认识相对主义也没有作用。所以，从现在开始，我将把这种阐述相对主义的方法搁置一旁，不再讨论。①

认识多元主义

聚焦于认识多元主义的成分，我们还可以从另一角度来了解认识相对主义者的不一致。 89

> 有许多在根本上不同的、真正互为异项的认识系统，但不存在什么事实根据使得某个认识系统比其他的更正确。（认识多元主义）

让我们先问问：这里说的是有许多**现实存在的**、互为异项的认识系统，还只是有许多**可能存在的**、互为异项的认识系统？后者更保险（因为更弱），所以我们就用它吧。（稍后我们还会回到这个问题。）

按照这种解释，相对主义者的想法是有许多可能存在的、互为异项的认识系统，但不存在决定哪个更为正确的事实根据。但是，这里有一个严重的问题，让我很难理解这种说法怎么可能是真的。

我现在暂时承认，**可能**有不同的认识系统，彼此互为真正的异项，

---

① 我们揭示的问题，远不只是认识相对主义这个个例才有的。只要满足以下条件，任何领域的相对主义都会遇到这些问题：该领域里的日常具体判断要被相对化，它们相对于的参照因素由一组命题构成，而这些命题和那些日常判断的类型相同。至于这一点如何影响道德相对主义的标准表述形式，参见拙文 “What is Relativism?” in *Truth and Realism*, ed. M. Lynch and P. Greenough (Oxford: Oxford University Press, forthcoming)。

也就是说，这些系统对于在一定证据条件下相信什么是合理的，会给出**对立**的结论。（在下一章中，我将回头探讨这是否真的可能。）

正如我们一直强调的，一个认识系统是由一组规范性命题构成的，这些命题指明了在什么条件下，一个信念是合理的或不合理的。所以会有一个认识系统 C1 指出：

> 如果 E，则信念 B 是合理的。

同时也会有另一个认识系统 C2 与之相反，指出：

> 如果 E，则信念 B 合理，这个判断是错误的。

（伽利略和贝拉明的不同系统体现的正是这种对立。）

相对主义者的多元主义成分指出，在对错与否的问题上，所有的认识系统地位相当，不分优劣，但在以上的情况中，很难理解这种说法怎
90 么可能是真的。因为一般而言，要么 E 足以使得 B 成为合理的，要么就不然。如果我们追随相对主义者，说因为不存在关于合理性的绝对事实，所以 E **不**足以使得 B 合理，那么 C1 的断言就是错的，但这样一来，C2 否认 E 足以使得 B 合理，这就是**正确的**。所以，所谓不存在使得某个系统比其他系统都正确的事实根据，这种说法怎么可能是真的呢？

所有的认识系统都可能有与之矛盾的异项。选取任何一对互相矛盾的系统，我们要是认为其中之一是错误的，那么就应该认为另一个系统是正确的。在这种情况下，我们就很难明白，说不存在使得某个认识系统比其他系统更为正确的事实根据，怎么可能是正确的。

因此，我们也就很难明白，相对主义者的多元主义成分怎么可能是正确的。

认识系统是律令的集合?

如果把认识系统看成是由命题组成的,我们就应该把这些命题当作完整的、能判定真假的命题,包含着一套特定的认识合理性的观念。然而一旦这样做了,我们就没法把认识相对主义解释得合情合理。我们不能理解怎样才能前后一致地接受相对主义者的建议,不再说什么是合理或不合理的,而只是说相对于我们刚好接受的认识系统,什么是合理或不合理的。这是因为我们不再能理解,为什么要接受某个认识系统,而不是别的;也不再能理解相对主义者说的,所谓不存在使得某 91
个认识系统比其他系统更为正确的事实根据,究竟是什么意思。

所以我们自然就有了以下问题:有没有办法不用命题来解释认识系统?这方面最常见的建议就是不把认识系统看作规范性命题的集合,而是看作**律令**的集合:组成认识系统的,不是"E 证成了 B"这样的**断言**,而是"如果 E,相信 B!"这样的**命令**。

这个提议显然在字面上避免了我们一直在强调的一些反驳,因为它们构成反驳的前提条件就在于认识系统被解释成命题的集合。但这个提议是否切实可行却一点也不清楚。

首先,某条信息 E 证成了信念 B,在日常的类似说法里,并不容易被视为律令。诸如"如果 E,要相信 B!"这种形式的律令,**要求**在有证据 E 时相信 B,但日常的说法只是**允许**在有 E 时相信 B,却不要求相信 B。

其次,这样的律令系统为什么是**认识**律令,而不是**道德**律令或**实践**律令,进而为什么这些系统构成的是**认识合理性**的观念,而不是别的什么观念,这些都需要说明。可是,这样的说明从来都没有人给过,也不像是即将会被提出。

最后,这种看待认识系统的观点,似乎不大容易说得清楚相对化是怎么回事。之前提过,相对主义者的观点是我们不应该再说:

一、伽利略的观察证成了哥白尼主义。

而应该说：

二、根据我们接受的认识系统，即科学，伽利略的观察证成了哥白尼主义。

92 另外，当前的方案要求把科学理解成由一组律令组成，其形式如下：

如果E，要相信B！

可要是把认识系统理解为律令，命题二表达的是什么意思呢？“根据我们接受的认识系统，即科学，伽利略的观察证成了哥白尼主义”，这句话究竟是什么意思？

我认为，唯一说得通的意思，就是这句话将命题一解释成为如下形式：

三、根据我们接受的律令系统，如果得到了某些观察结果，就要相信哥白尼主义。

换言之，在我看来，把认识系统解释为律令的提议要想讲得通，就只能认为，它把“伽利略的观察证成了哥白尼主义”这类句子，解释成了有关我们接受的是何种律令系统的事实。

可是，这个提议把我们带回了第四章揭示的困难。问题在于，像命题三这样的句子，纯粹只是关于我们接受什么律令的事实陈述，只是关于那些律令要求什么的逻辑陈述。我们之前也看到了，这种解释就无法体现认识表述的规范性，而这样的规范性是连相对主义者也需要牢牢把握的。

结　论

罗蒂认为，不同的社群可以采用不同的认识系统，而且不存在什么事实根据使得有的系统比其他的更为正确。但是我们发现这种观点没 93
法讲得通，尤其是我们没法建立一套对认识系统的解释，能稳固地支持相对主义的认识合理性观念。问题是接下来应该如何前行。[①] 94

① 本书中所考察的认识相对主义，其相对化的参照因素是认识系统，而我们从对罗蒂和维特根斯坦的讨论中得知这就是经典的认识相对主义形式。我们可以设想还有其他形式的"认识相对主义"，不是把判断相对于的思想者的认识系统，而是相对于他的"起点"，即他开始反思的地方。这里不能展开相关的复杂细节，但让我来简单地说明一下，为什么本书没有讨论这种形式的认识相对主义。主要的原因在于，这些理论家提议把有关合理性的事实相对于思想者的起点，而不是相对于他的认识系统，但他们并没有因此就不相信绝对的认识规范性真理。相反，他们声称，唯有提及思想者起点的事实才是绝对的认识真理。但我在本书中关注的是更极端的"后现代"观点，这种观点力图避免对任何绝对的认识真理的信奉。关注这些也不仅仅是要反映潮流，因为在某种意义上，那种极端的观点比起温和的绝对主义，是更重要的挑战者。不难明白为什么有人严肃看待"不存在任何绝对的认识真理"这种观点，但是至于"绝对的认识真理虽然是存在的，但它们的数量比我们过去以为的要少得多，它们必须要提及诸如思考者的起点之类的参照因素"，这种更温和的观点背后有什么动机驱使，则要难理解得多。归根结底，认识真理毕竟是规范性真理，而如何把规范性真理纳入客观的宇宙结构中，似乎一直都是道难题。除此之外，我们还有上一章的认识论证。这两个论证都是用来支持彻底的认识相对主义；它们不是对那种温和观点的论证。

第七章

解决两难困境

我们的处境

一方面,我们陈述了对于一种认识判断相对主义的论证,该论证的基础是证成我们的认识系统所不可避免的规范循环性,而且看起来颇有说服力。另一方面,我们也看到了,这种相对主义被貌似无法解决的难题困扰。

所以,在讨论的这个阶段,我们俨然濒临悖论的边缘:我们似乎既有理由接受也有理由反对认识相对主义。

如果想摆脱这个难题,那我们要么证明认识原则的相对主义最终还是站得住脚的,要么证明基于规范循环性的论证本来就没有为它提供什么支持。

在我看来,前一个方案毫无希望,后一个倒是很有前途。在本章接下来的篇幅中,我将着手一项艰巨的任务,解释为什么基于规范循环性的论证其实并没有支持认识相对主义(更确切地说,为什么该论证并没
95 有支持认识的非绝对主义。)

分解基于规范循环性的论证

我们对认识相对主义的论证,在很大程度上依赖于下面两条断言。为了方便,我们可以把它们分别标记如下:

> 一、如果绝对的认识事实确实存在,那么对于这些事实究竟是什么,有可能产生合理的信念。(**可能**)
>
> 二、对于绝对的认识事实究竟是什么,不可能产生合理的信念。(**证成**)

如果认识相对主义确实是错误的,那么这两个前提必有一个为假。我认为问题出在**证成**:对于绝对的认识事实究竟是什么,我们其实能够产生合理的信念。

读者也许还记得,我们论证**证成**,是通过论证另一个多少有些不同的命题。如果我们把自己的认识系统称为 C1,那么我们用来支持**证成**的论证,其实支持的是:

> (**相遇**)如果遇到一个我们自己认识系统的根本的、真正的异项 C2,我们就无法证成 C1 要优于 C2,哪怕是按照我们自己的标准。

我们面临的问题有两个:

> 1. 支持**相遇**的理由有多强?
> 2. 假说**相遇**是真的,它能够给**证成**提供怎样的支持?

融贯性

先来考虑第一个问题，我们当然不会说：如果遇到**任何**一个我们认识系统的根本的、真正的异项，我们都无法证明我们自己系统更优越。
96 这个另外的系统最起码应当是**融贯的**，而这是相当重要的限制，足以排除许多潜在的挑战者。

一个认识系统可能在好几个方面不融贯。

首先，对于应该相信什么，一个认识系统给出的判断可能**不一致**，因而在给定的证据前提下，既让我们相信p，又让我们不要相信p。例如，在众多可能的认识系统之中，有的包括以下认识原则：

> 如果在S看来，他前面有一只狗，那么他相信前面有一只狗，就是合理的，而且他相信前面有一只狗，是不合理的。

显然，作为客观上错误的认识原则，这是个极端的例子，但是它有助于说明重要的一点：声称没有什么事实根据能区分和鉴别可能存在的所有认识系统，这显然是说不通的。

有些不融贯的认识系统则要稍微精致一些，它对于应该相信什么，并没有**明显地**给出不一致的判断，但是却**蕴涵着**不一致的判断。

不融贯的认识系统的另一种重要类型，虽然本身并没有不一致，它所规定的信念却是不一致的。[①] 同上面一样，它可以明显地这样规定，也可以通过蕴含不一致的信念来规定。在其他条件都相同的条件下，
97 我们仍然有客观有效的理由更青睐不具备这种性质的认识系统。

还有一种我们之前讨论过的情况：一个认识系统不融贯，可能因为它是自我否定的，即它会判定自身是错误的或者不可靠的。例如以下

① 诚然，某些哲学家声称：有时矛盾双方都是正确的，因而我们不总是有理由避免矛盾。但这种观点并没有被广泛接受。

认识原则:

> 对于任何命题 p 而言,相信 p 是合理的,当且仅当最高法院说应该相信 p。

如果我们要使用这个原则,那么我们相信某个命题,当且仅当最高法院让我们相信。但是,如果我们真的去问最高法院,是不是对于任何事实命题而言,只有当它让我们相信时我们才能相信,最高法院大概会回答道:这想法实在荒谬透顶,最高法院只在有关美国宪法的问题上才有权威地位。

除了这些相对比较明显的规范之外,融贯性要求的还要深入得多。比如,处理对不同命题的信念时的统一性问题,我们有可被称为**不做武断区别**的原则:

> 如果某个认识系统(或其使用者)要求用不同的认识原则来处理命题 p 和命题 q,那么它必须能认出 p 和 q 在认识上的相关区别。
>
> 如果某个认识系统(或其使用者)要求用相同的认识原则来处理命题 p 和命题 q,那么它必须不能认出 p 和 q 在认识上有任何相关区别。

我不会再进一步展开阐述融贯性的限制,但我相信这样的限制还有许多,而且其重要性往往是被低估的。我们可以表明,这些融贯性的规范,都相对直接地基于认识系统的**本质**:认识系统是一组原则,这些原则告诉我们相信哪些事情是有理由的。要是有人假装相信认识系统的不融 98
贯是优势而非劣势,我想我们是不大能理解这种人的。

因此,我们至多可以证明的不是**相遇**本身,而是:

> （**相遇＊**）：如果我们遇到一个我们自己认识系统的**融贯的**、根本的、真正的异项 C2，我们就无法证成 C1 要优于 C2，哪怕是按照我们自己的标准。

相遇对证成

但这个修正过的原则还是显得太强了。

这场争论的各方都应该同意，任何思想者都**有权利不假思索地**使用他自己的认识系统：任何思想者都有权直接使用他接受的认识系统，不需要预先证明该系统是正确的。① 相对主义者大概有多重的缘由要同意这一点，但需要注意的是，即使客观主义者也必须一样同意，不然就会被认识合理性的怀疑主义削弱：如果在证成一个认识系统之前，任何人都无权使用该系统，那么就没人有权使用任何认识系统了。这是因为，思想者证成一个认识系统的尝试若要成功，他都得先有权使用一个认识系统，这样他的证成才能进行。

哲学家对这种不假思索的权利该如何解释，乃至需不需要解释，都还存有争议。但是，某些不假思索的（未经支持的）权利，允许人们使用各自认识系统的基本部分，显然是不可避免的。

99 当然，这样说并不是否认我们有时候可以合理地怀疑，乃至修正自己认识系统里的某些部分。但是在合理的怀疑出现以前，我们有权信赖自己的认识系统。

既然我们和自己的认识系统 C1 有这样不可脱离的关系，那么**相遇＊**那样的观点（如果我们遇到一个我们自己认识系统的**融贯的**、根本的、真正的异项 C2，我们就无法证成 C1 要优于 C2，哪怕是按照我们自己

① 对这种不假思索的权利概念的进一步讨论，参见拙文 “Blind Reasoning,” *Proceedings of the Aristotelian Society, Supplementary Volume 77* (2003): 225—248。

的标准），看起来就是非常错误的。无论我们是思考其他系统正确与否，还是思考别的各种问题，不都是在用自己的认识系统来思考的吗？正如前面已经强调过的，我们不是完全有权利这样做吗？但是这样一来，还怎么支持那种认为我们没法证成 C1 优于 C2 的观点呢？

那支持相对主义的论证错在什么地方？我认为，问题在于它误以为富梅顿关于规范循环论证的观点是放之四海皆准的法则。富梅顿指出，用我们的认识原则来证成这些原则自身，毫无成功的希望。这个观点并不总是对的。只有在某些不寻常但重要的情况下，当我们开始**合理地**怀疑我们自己的原则是否正确时，他的话才是对的。可是在没有合理的怀疑理由时，我们完全有权用这些原则证成我们的系统比他们的更优越，正如我们有权用这些原则来考虑别的问题一样。然而一旦我们真有理由怀疑这些原则，那确实很难看出用它们来证明它们自身正确无误，还有什么意义。①

遇上另一种认识系统，令我们开始怀疑自己的认识系统是否正确，
这也不是完全不可能的。这种情景该如何想象呢？我们可以想象遇上 100
了一个不同的社会，那里的科技水平明显更为高级，可他们不仅否定我们的认识系统中根本的部分，还使用异项的认识原则。

这种相遇要能产生需要的效果，对方的认识系统显然必须是**现实的**认识系统，具有确凿的记录，而不仅仅是某种理论上的可能性。对方的**实际**成就要足够**引人注目**，使我们能合理地怀疑自己的认识系统是否正确。② 假如这样的相遇真的发生了，那么这时我们可能确实无法证成 C1 比 C2 更为优越。

不过我们还是可以加上进一步的限制条件：

（相遇 **）如果我们遇到一个我们自己认识系统的**现实的**、融

① 进一步讨论参见拙文 “How are Objective Reasons Possible?”

② 感谢罗杰·怀特指出我需要强调这一点。

> 贯的、根本的、真正的异项 C2，且 C2 的记录足够引人注目，使我们合理地怀疑自己的认识系统是否正确，那么，我们就无法证成 C1 要优于 C2，哪怕是按照我们自己的标准。

至于对方的认识系统的成就，要引人注目到怎样的程度才能使我们合理地怀疑自己的认识系统，这是一个好问题，但是我在此不做揣测。但无论我们怎样设定这个程度标准，再清楚不过的是，即使**相遇 ****是正确的，也不能支持**证成**，而只能支持：

> （**证成 ***）如果对我们日常的认识原则是否正确，产生了合理的怀疑，那么我们就无法对他们的正确性产生合理的信念。

问题的关键是，说**证成 ***正确但**证成**错误，是完全没有矛盾的：即便在
101 某些情况下，我们无法合理地相信一个命题，但是这并不排除在**其他**情况下，我们能够合理地相信那个命题。因此，对认识相对主义的核心论证并没有成功。

重新表述认识相对主义的论证？

有没有可能吸取上文得出的教训，修正一下相对主义者的论证？我能想到的最好的表述大致如下：

> 一、如果存在绝对为真的认识原则，那么我们知道这些原则是什么。
>
> 二、如果我们对于自己的认识系统产生了合理的怀疑，那么我们就不知道哪些认识原则客观上为真。
>
> 三、对于我们自己的认识系统，确实已经有了合理的怀疑（因

为我们遇到了异项的认识系统，其记录足够引人注目，使得我们怀疑自己的认识系统。）

因此，

四、我们不知道哪些绝对的认识原则是真的。

因此，

五、不存在绝对为真的认识原则。

这个修正过的论证，吸引力远远不及以前的表述。“假如绝对正确的认识原则存在，则在原则上它们应该能被认识到”这个前提，比起“假如这样的原则存在，则我们在现实中，在此时此刻，就知道它们是什么”要
合理的多。 102

但是哪怕我们承认极其苛刻的前提一，这个论证还是有问题的，问题出在前提三。

到目前为止，我都假装我们知道至少有两个融贯的认识系统，都在根本上是我们认识系统的竞争对手（即贝拉明和阿赞德人使用的系统），而且它们足够引人注目，使得我们合理地怀疑自己的认识系统。但是现在我会表明这个假定是彻底错误的。

我不会论证它们没有引人注目到使得我们怀疑自己的认识系统，虽然这当然是实情。我将要论证的则是，其中一个认识系统（贝拉明的）其实在根本上与我们的并无不同，而另一个认识系统（阿赞德人的）跟我们的也不是竞争关系。讨论结束以后，我们将会发现，要找出一个我们日常认识系统真正的、根本的异项，其实比乍看起来要困难得多。

贝拉明

先由贝拉明的例子开始。诚然，这位红衣主教是通过查询《圣经》而不是望远镜，来了解对于宇宙应该相信什么的；但他不是随意揣测《圣经》的内容，而是用自己的眼睛来阅读。他也不是每过一小时，都要回头查看《圣经》以确定内容没有变化。相反，他是用归纳法来推测，《圣经》的经文明天和今天不会有什么区别。最后，他运用演绎逻辑来推导，《圣经》的内容对于宇宙的构造，蕴含着怎样的解释。

所以，对于很多平常的命题（即有关 J.L. 奥斯汀称为“中等体积的干燥物体”的命题），贝拉明使用的认识系统，跟我们的完全相同。但至
103 于涉及到宇宙的命题，彼此就有分别了：我们用眼睛，他则依靠《圣经》。他使用的真是一个融贯的、在根本上与我们不同的认识系统吗？还是说，他只不过是使用跟我们完全相同的一套认识规范，却得出了一个有关世界的惊人**理论**（即：一本公认由不同作者写作于多年之前的书，是受上帝启示的话语，因此可以被**合理地**当作对宇宙的知识权威）？换句话说，这里的问题在于，我们在第五章中介绍的**启示原则**是一条基本原则还是衍生原则？[①]

如果梵蒂冈的贝拉明确实采用了一套融贯的、在根本上不同的认识系统，那么他就得认为，虽然日常的认识原则适用于有关他身边物体的命题，但**启示原则**适用于有关宇宙的命题。但这要说得通，他也得相信，有关宇宙的命题和有关寻常事物的命题，属于完全不同的类型，因而为了获得对于宇宙天体的信念，视觉并不是合适的途径。可他不也是用眼睛感知阳光闪耀，察觉月亮半圆，以及看到罗马清朗的夜空中繁星密布吗？如果真是如此，他既然在日常生活里都依赖观察，那又怎么能够认为观察和对宇宙应有什么信念毫无关系呢？

---

① （启示原则）对某个命题 p（包括关于宇宙的命题），如果 p 是《圣经》中上帝的启示，那么相信 p，在表面上是合理的。

所以,为了避免赋予贝拉明一套不融贯的认识系统,我们最好把他的系统和我们的系统之间的区别视作衍生的区别,把以下观点赋予他:有日常的证据表明,《圣经》是经创世者启示的话语。相信这种观点的 104
人,会很自然地极其看重《圣经》有关宇宙的说法,乃至足以压倒观测得到的证据。

这样一来,问题就成了:归根结底,是否有日常的证据表明,一本由许多作者写成的书,尽管其完成跨越了许多年,尽管内容还有不一致的地方,等等,但是书里的文字确实是受创世者启示的话语?显然,对这个问题的争论,至少可以追溯到启蒙时期。

与罗蒂的观点相反,我们很难把伽利略和贝拉明之间的争论,视作基本原则都不同的两个认识系统之间的争论。这其实只是发生在共同的认识系统内部的、关于《圣经》的起源和性质的一场争论。

阿赞德人使用神谕的例子,也可以这样来处理。

阿赞德人的逻辑

所谓"阿赞德人否定假言推理原则,因而在另一个方面跟我们不同",这种说法应该如何看待?不像启示原则,假言推理很可以被视作一条根本的(而不是衍生的)认识原则。

回想一下,阿赞德人一方面相信,只有已知巫师的父系近亲才能算作巫师,另一方面又相信巫术物质是由父系传递。如果确实有矛盾的话,那这矛盾就显得过于明显,无法忽略。这岂不是正好说明阿赞德人的逻辑跟我们的不同?

让我们再更仔细地想一想。如果巫术物质是由父系男性遗传,那么每个男性巫师,都把该物质传递给他的儿子,后者又把该物质再传递给自己的儿子,以此类推。所以,如果某人被不容争议地确定为具有巫
术物质,这就足以证实,他的宗族里所有的男性都具有巫术物质。如果 105

阿赞德人拒绝接受这样的推理,那该如何解释他们的抗拒呢?

认识相对主义者想要说,阿赞德人采纳的是跟我们不同的一套逻辑,我们的逻辑所允许的推理,并不被他们的逻辑接受。但是,对于阿赞德人的逻辑行为,至少还有三种可能的解释。

首先,可能是他们犯了逻辑错误,没有意识到他们的信念所蕴涵的后果。其次,可能是我们误解了他们的意思,把他们告诉我们的话翻译错了。“由父系男性传递”这个词组,正确地翻译了他们对巫术物质遗传的看法吗?“如果”这个词,正确地翻译了他们使用的逻辑连词吗?他们的说法,也许一经正确解释,就不再与我们相矛盾。最后一种可能是其实他们可能也不是那么抗拒我们想让他们了解的推理,只是对于相关的命题不感兴趣罢了。

埃文思—普理查德自己倾向接受的解释,类似于最后一种。他认为,阿赞德人的兴趣是局部的、具体的,而不是一般性的和理论性的。他们不是拒绝那种推论,只是不关心而已。

即使我们否决这种解释,还有另外一种有说服力的考虑因素,可以支持误译的可能性,而不利于相对主义的解释。这种考虑因素,来自于对逻辑词汇(“如果”、“和”、“或者”之类)的意义及其使用规则二者关系的反思。

这里的问题是:一个人要用特定的词语(比如英文的“if”),来表示**如果**的意思,需要满足哪些条件呢?毕竟,“如果”这个词语只是纸上的印记,或人们发出的声音。鹦鹉都可以发出这个声音,却没有以此表达任何意思。是什么让人们可以有意义地使用这个词,来表示**如果**这个
106 条件概念呢?有意义地使用“if”,来表示**如果**,这是怎么一回事呢?

对这个纯粹的意义理论问题的深入反思,使得许多哲学家赞同以下答案:是愿意遵循一定的规则使用“如果”这个词。要泛泛地指出哪些规则构成了词语的意义,是极其困难的,但对于眼下这些个例而言,答案似乎很清楚。例如,要用“且”表示合取关系,充分必要条件是使

用者愿意遵循以下规则（即所谓标准的引入和消除规则）：由“A 且 B”推导出 A，由“A 且 B”推论出 B，以及由 A 和 B 二者推导出“A 且 B”。用标准的记号表达，即：

$$\frac{A\text{ 且 }B}{A}\qquad\frac{A\text{ 且 }B}{B}\qquad\frac{A,\ B}{A\text{ 且 }B}$$

与此类似，用“如果”表示**如果**的意思，所需要遵循的规则之一就是假言推理法则：由 A 以及“如果 A，那么 B”可以推论出 B。

$$\frac{\begin{array}{l}A\\ \text{如果 }A\text{，那么 }B\text{。}\end{array}}{B}$$

这种对逻辑常项的意义的推理主义观点如果是正确的（正像许多哲学家相信的那样），那么我们和阿赞德人在假言推理是否有效的问题上，其实并没有争议。阿赞德人在使用“如果”这个词（或者阿赞德语里的对应词汇）时，倘若运用的相应规则跟我们的不同，这也无非只是表明他们使用的词汇和我们所使用的“如果”意义不一样而已。

阿赞德人使用的推论规则，要是能成为我们使用的推论规则的真正异项，那么他们就得否定我们接受的推理，比如：

一、阿布有巫术物质。 107

二、如果 x 有巫术物质，那么 x 所有的父系男性后代都有巫术物质。

三、朱利安是阿布的父系男性后代。

因此，

四、朱利安有巫术物质。

五、如果一个人是有巫术物质的人，那么这个人就是巫师。

因此，

六、朱利安是巫师。

然而，要是我们说的“如果”，同阿赞德人使用的对应词汇意义不一样，那双方其实并不是对**这个**推理有异议。仅仅因为某人说了“猪会飞”这个**句子**，并不必然意味着他的信念与我相反：说不定他用“猪”这个字表达的是鸟的概念呢。

因为逻辑语词的意义同它的使用规则之间的紧密联系，要描述两个社群对何为正确的推理规则确实意见相左，并不是件容易的事情。因为这种联系，它们看上去并没有真正的争议，只是选用的概念不同罢了。

维特根斯坦在试图描写极其不同的推理和计数活动时，就常常陷入这样的困境。例如在《数学基础研究》中，他想要描写一群人，他们卖木头的价格与木头的占地面积成正比，而不像我们那样，木头的价格与其体积成正比。他提出，想要说服他们占地面积不是合适的计量标准，是无法成功的：

> 我要怎样才能让他们知道（正如我应该告诉他们的），买的木头占地更大，并不一定就买得更多？比如，我可以选出他们眼里的

> 一小堆木头，把它们平摊在地上，变成一“大”堆木头。这或许能说服他们，但可能他们会说：“的确，现在这是一大堆木头，价格也要升高了。”——这样也就再没有进一步讨论的余地了。①

108

但是试想一下，这些人还要相信什么，他们的举动才能前后一致。②他们得相信：一块两英尺宽、四英尺长的木板，原来两英尺的那面着地，但是只要把它翻转一下，让四英尺的那面着地，它的大小或数量就会突然增长；更多的木头并不一定就更重；人从双脚站立换成单脚站立，体积就缩小了；放在木料场的一定数量的木材，要来建一个房子，是足够用的，但把它们运到空地上，整齐地堆在角落，就不够用了。

显然，他们口中的“更多”“价格”，跟我们说的意思不同，这样解释才更合理。维特根斯坦实际上也承认：

> 面对这种情况，我们大概应该说：他们所说的“许多木头”“少量木头”，跟我们说的不是一回事，而且他们的支付系统也跟我们的完全不同。③

但是这样一来，他们可能就没有否定任何在我们看来显而易见的真理，因此，这种描述一个我们认识系统的真正异项的尝试，就再次以失败告终了。

---

① Ludwig Wittgenstein, *Remarks on the Foundations of Mathematics*, rev. edn., ed. G.H. von Wright, R.Rhees and G.E.M. Anscombe, trans. G. E. M. Anscombe (Cambridge, Mass.: The MIT Press, 1978), part I, para.150.

② 参见 Barry Stroud, “Wittgenstein and Logical Necessity”, in his *Meaning, Understanding and Practice: Philosophical Essays* (Oxford: Oxford University Press, 2000), 1—16。

③ Wittgenstein, *Remarks on the Foundations of Mathematics*, part I, para.150.

结　论

许多影响深远的哲学家（包括罗蒂和维特根斯坦）提出，有些十分
109 有力的理由可以支持认识判断的相对主义。这些论证指出，有真正异
项的认识系统存在，而且任何为我们自己的认识系统的辩护，都不可避
免陷入的规范循环性。尽管这些论证乍看起来颇具吸引力，但在仔细
考察下，其实是站不住脚的。除此之外，我们还有一些对于认识相对主
义的决定性反驳。所以，我们似乎就不得不承认，对于“在一定的证据
条件下什么信念最为合理”的问题，确实存在着绝对的、独立于实践活
动的事实答案。

还有一个相当重要的问题，在当代也很受关注：在一定的证据前提
下，对于应该相信什么，相关的认识事实总是决定了**唯一**的答案，还是
也可以允许理性的分歧。[①] 所以，我们要在多大程度上坚信认识客观主
义，这是可以探讨的问题。但是看起来，我们有充分的理由认为，至少
110 某些形式的客观主义经得住考验、不会陷入悖谬。

① 参见 Roger White, “Epistemic Permissiveness”, *Philosophical Perspectives* (forthcoming)。

第八章

认识理由和信念的解释

因理由而相信

我在前面的章节论证了，有关在一定证据前提下何种信念合理的事实，必须被视为绝对的、不随社会环境改变的事实。这种关于合理性的观点，也许本身还算有点意思，但我们要是没法被我们的认识理由驱动，那它的重要性就非常有限。这是因为，正如我们在第二章中所看到的，有一种知识建构主义可能采取如下形式：

> **理性解释的建构主义**：只用掌握的证据来解释我们为什么有这样那样的信念，根本是不可能的。要解释信念，必然要涉及到我们偶然的需求和利益。

这个理论也许听起来比它实际上想表达的要微不足道。毋庸赘言，在
多数情况下，我们接触的证据本身不足以导致我们的信念。除了接触 111
到的相关证据之外，我们还需要对涉及的问题感兴趣，需要理解证据的概念工具，也需要基本的智力来思考证据的相关性。理性解释的建构

主义者感兴趣不是这些平淡无奇又显而易见的方面，所以我将认同这些都是事实。他们的看法是，即使所有这些因素都已经顾及到了，我们掌握的证据仍然不足以解释我们的信念。

为什么我们接触的证据永远无法充分解释我们的信念？为什么偶然的社会利益在形成信念的过程中起到的作用总是不可或缺的？

这里似乎有两种可能的原因：其一，是因为我们的认识理由从来都对解释我们的信念如何形成没有**任何**作用，所以只能用社会利益才能正确解释；其二则没那么极端，即尽管我们的认识理由确实有所贡献，但光靠这些理由不足以解释我们的信念，还需要用偶然的社会利益来补充完整。

让我们把第一种观点称为理性解释的强建构主义，把第二种称为弱建构主义。我将依次考察这些观点。

强建构主义：对称原则

我直接说了吧，我是完全看不出强建构主义怎么可能是对的。毫无疑问，某些信念的确只能用社会因素而不能用认识证据来解释。如果有人问道，为什么美国南方的人们大都信仰基督教，伊朗的人们却不信，那么要解释这种区别，显然不能说是因为美国人和伊朗人对于基督
112 教《圣经》的可信度有着不同的证据。相反，正确的解释应该包括两地不同的宗教传统，以及遵循本地习俗的益处。

但是，很难理解把这种解释一般化的根据何在。归根结底，一个信念的认识理由是同该信念有证成关系的感觉经验或其他信念。是什么妨碍这些理由（在某些情况下）产生信念呢？当我似乎看到屋顶上的猫时，这种感觉表象为什么不能完全解释我（在某些情况下）相信屋顶上有只猫呢？

强建构主义起源于戴维·布鲁尔的《知识和社会意象》[1]，这本著作后来成为“科学知识的社会学”领域的奠基文献之一。在我看来，强建构主义之所以吸引了众多学者，主要是因为人们把它和另一个更有道理的观点混作一谈。

科学的历史和社会学一直以来都是重要的研究领域。科学是复杂的社会事业，用严格和负责任的方式研究科学的社会和政治层面，可以涉及的范围也很广。这类研究的核心问题包括：科学机构是怎样组织的？权力如何分配？有多大比例的社会财富是用来扶持科学研究的，而这些资金是怎么分配的？检查和评估的程序是怎样的？诸如此类。

科学知识的社会学和传统意义的科学史、科学社会学的不同之处，在于它不仅追求描述科学机构和组织，还追求描述解释科学理论的**内容**。正如布鲁尔所言： 113

> 知识社会学能够考察和解释科学知识的内容和本质吗？很多社会学家觉得不能。他们说知识本身在他们的研究之外。他们主动束缚了自己的探索。我将论证，这样做违背了他们学科的立足之基。[2]

布鲁尔继续指出，他所说的“知识”意思不仅仅是真信念，而是“那些人们广泛持有、赖以为生的信念”，是“人们当作知识的东西”。换言之，他倡导的学科想要解释为什么有些命题被广泛地当成真的。

在界定这个新学科的方法论时，布鲁尔写道：

---

① Bloor, *Knowledge and Social Imagery,* 1st edn. 这个传统的其他重要著作包括：Bruno Latour and Steve Woolgar, *Laboratory Life: The Social Construction of Scientific Facts* (Beverly Hills, Calif.: Sage Publications, 1979), Andrew Pickering, *Constructing Quarks: A Sociological History of Particle Physics* (Chicago: University of Chicago Press, 1984)。

② Bloor, *Knowledge and Social Imagery*, 2nd edn., 3.

> 一、它是因果性的，也就是说，它关注的是导致信念或知识状态的前提条件。
>
> 二、在真和假之间，理性和非理性之间，成功和失败之间，它是不偏不倚的。
>
> 三、它的解释将是对称的……这种对称性的假定……要求我们用同种类型的原因来解释真信念和假信念，(以及)合理和不合理的信念。①

对真理的对称假定和对合理性的对称假设，尽管常常被相提并论，但实有天壤之别。我们也许可以为关于真理的对称假定做出有一定道理的辩护，但这对支持强建构主义毫无帮助，因为用同类原因解释真的和假的信念，一种方法就是通过援引这些信念的**证据**。

另一方面，合理性的对称原则确实蕴涵强建构主义，因为要确保用
114 同类的原因来解释合理和不合理的信念，只能不用证据来解释。但是，对于这种对称性，连部分合理的辩护都不存在。

真理的对称

以下是对真理的对称的一个部分合理的辩护。② 假设我们想解释为什么亚里士多德之前的人们相信地球是平的：因为至少在小范围内看起来地球确实是平的。因为地球的实际体积，我们眼下的一小块土地似乎是平的。地球的曲度只有从地表以上的一定高度看起来才明显。

亚里士多德用了一番精深的推理，才表明一个平的地球不能解释

① Bloor, *Knowledge and Social Imagery*, 2nd edn.,7, 175.

② 为了论证的进行，我搁置了一个重要的反驳：上面列出的几个论题太过模糊，因为它没有说明什么叫两种解释都运用(或都没有运用)同种“类型”的原因。

已知的天文事实。例如，亚里士多德指出，发生月食时，投射在月球上的地球的影子看起来总是圆形的，这只有被投影的物体是球形才可能。如果地球是个扁平的圆盘，那在某些时候，太阳直射圆盘的边缘，就会使得投影更像一条线。另外，当旅行者朝着南方或北方行进时，地平线上会升起原本在家乡看不到的星星，穿过天宇。这意味着，旅行者一定是在弧形的表面上行进。[①]

亚里士多德以前的希腊人错误地相信地球是平的；我们正确地相信它是圆的。但是看起来，对于我们各自信念的解释，都"属于同 115
一类型"：二者都使用了支持信念的证据。证据（我们在第二章说过）是**可错的**，因此，即便一个信念错了，用证据来解释它的成因依然是可能的。

这种辩护只有部分道理，是因为不大可能**所有**信念的真假都能对称地处理。有的命题非常显而易见，因而很难以同一类原因来解释对它的相信和不相信。几乎所有人都同意，红色看起来更像橙色而不是蓝色。假如你遇到一个持相反意见的人，那么你不会说他这样想是因为他对这些颜色看起来是什么样的证据不足。很简单，一个人要么知道红色、橙色和蓝色看起来是什么样的，要么就完全不知道。我们更宁愿解释说，他可能有某种色盲，或者说他的颜色词汇中至少有一种颜色的意思跟我们常用的不一样。面对他这样的信念，我们会情不自禁地想："如果他相信的是这个，那他就错得太过明显了，所以他相信的肯定是别的东西。"对于这种信念的真假保持中立，极有可能导致对于该信念如何产生的错误解释。

也可以这么说：不是所有信念都需要一些独立的信息作为证据来支持。有的信念是**内在**可靠的或自明的。哲学家们对于哪些命题算是（在以上意义上）自明的有争议，而且只有极少部分人相信这种命题数

① 参见 Aristotle, *On the Heavens*, trans. W. K. C. Guthrie (Cambridge, Mass.: Harvard University Press, 1939)。

量可观。但自从笛卡尔首先提出他著名的“我思故我在”论证以来，哲
116 学家们都信服至少某些命题确实是自明的。比如，人们能用什么不循环的证据，来证明自己现在是有意识的呢？[①]

合理性的对称

所以，至少对于那些非常明显的命题而言，真理的对称原则不大可能成立。

但是为了当前的目的，我建议先姑且承认它。在后文中，我将假定自明的信念并不存在。

这样的让步本身对强建构主义毫无裨益，因为后者要求的是合理性的对称，而真理的对称完全不能支持合理性的对称。相反，上文对真理对称原则的辩护，预设了合理性的对称原则是错误的，因为上文辩护的根据就在于我们能用证据来解释信念，无论其是真是假。

我们不仅没有任何好论证支持强建构主义，而且似乎还有一些强有力的反对理由。

首先，前文提到过，是什么使得我们的认识理由不能（在某些情况下）导致我们的信念，这实在令人费解。我们的认识理由无非是同信念有证成关系的感觉经验和思想。有什么东西阻碍这些理由偶尔产生信念呢？

其次，我们需要能够区别两种信念：一种是有适当理据的，因而值得赞同的信念，另一种则是应被批评为基于偏见的信念。但正如约
117 翰·杜普雷正确指出的，合理性的对称将使得这种区别不可能成立：

> 这种观点声称所有的科学信念都得用科学家们的目标、利益

① 我经常听斯蒂芬·希弗提起这个例子。

> 和偏见来解释，而且还彻底否定自然世界本身的限制作用。这样一来，我们就不能指责任何科学信念是基于这类偏见，没有恰当地基于事实。[1]

最后，同以上问题相关，这种立场还面临着自相矛盾的问题。如果有人宣称，认识理由从来不能引起人们的信念，那他自己岂不是也需要表明，他接受**这种**观点正是**因为**它是有正当理据支持的？

因此，理性解释的强建构主义看起来是错误的，既无依据，也不牢靠。

证据不能完全决定信念：托马斯·库恩

理性解释的弱建构主义相比之下似乎就合理很多。这种观点认为，虽然证据可以用来解释信念，但还不**充分**，因为我们拥有的任何证据都必然**不能完全决定**我们在该证据基础上形成的具体信念。

在科学哲学界（甚至在非建构主义者的圈子里），这种“科学证据总是不能完全决定基于证据的科学理论”的观点相当有影响。这种观点的具体内容是什么？它是如何产生的？它有两个重要的起源：一个是经验的和历史的，另一个则是先验的和哲学的。

前者源于托马斯·库恩影响巨大的科学史著作《科学革命的结
构》。在库恩笔下，科学工作大部分属于“常规科学”。常规科学本质上 118
是解决谜题的活动。以特定领域（比如天文，或者燃烧的本质）的既定问题和解答问题的一系列标准和方法为工作背景，科学家们对该领域的权威理论做出相对较小的修正，以此解决实验发现的异常现象。库恩把这些作为背景的问题、标准和方法称为“范式”。值得注意的是，

[1] John Dupré, *The Disorder of Things: Metaphysical Foundations of the Disunity of Science* (Cambridge, Mass.: Harvard University Press, 1993), 12—13.

这种意义上的范式**包含**我前面说的认识系统，但不止于此：它不仅包括严格意义上的推理规则，还包括有关哪些问题需要解答的假设，以及怎样算是好答案的大致标准。（至于范式具体包括哪些内容，库恩的表达极为含混不清：有位学者统计，仅在《科学革命的结构》一书中，就有二十二种不同的描述。）

库恩认为，每当权威理论面临的困难累积到一定程度时，科学家们就不得不重新审视原本显得毫无疑问的基本假定。库恩把这种改变（即一个背景"范式"被另一个取代）称为"科学革命"。科学革命的重要例子包括哥白尼的日心说对托勒密学说的胜利，牛顿的运动理论取代亚里士多德的理论，以及爱因斯坦相对论取代了牛顿力学，还重新界定了时空概念。

在区分了常规科学和革命性的科学以后，库恩还对科学革命提出了一些引人深思的观点，在他看来，这些观点都是来自于对其历史背景的深入研究。对于我们的目的而言，最重要的观点是：尽管我们认为这
119 些范式的革命性更替是人类智慧最杰出的成果，但要说科学革命的成果比被取代的理论**更好**，是完全没有意义的，因为不可能把革命后的理论跟革命前的理论进行有意义的比较。库恩指出，这种不同范式之间"不可通约性"有三个重要的来源。

首先，按照他的说法，不可通约性源于竞争中的范式各自的支持者对哪些问题需要解决有不同的意见。"他们的标准和对科学的定义都是不一样的。"[1] 库恩认为，典型的范式变更有得有失，不存在中立的方法来评判所得是否多于所失。

其次，新范式使用的概念，是原有范式的拥护者没法用他们自己的语言表达的。

① Thomas Kuhn, *The Structures of Scientific Revolutions*, 2nd edn. (Chicago: University of Chicago Press, 1970), 148.

> 设想……那些因为哥白尼说地球在运动而把他当成疯子的人们。他们不是犯了错误而已,也不是大错特错。他们所用的"地球"这个词,本身含义就包括位置固定不变。至少他们的地球是不能被移动的。相应的,哥白尼的创新之处也不在于使地球动了起来,而是在于提供了一套看待物理学和天文学问题的全新方式,这种方式必然改变了"地球"和"运动"的含义。如果没有这样的改变,"运动的地球"这个观念确实是疯狂愚蠢的。①

最后,库恩总结道,不同范式的拥趸不只是使用不同的语言,而且在某种重要的意义上,他们甚至都不生活在同一个世界里:

> 这些例子指出了彼此竞争的范式之间的第三种,也是最根本的不可通约性。在某种我还不能进一步阐明的意义上,处于竞争
> 关系的范式的拥趸们,是在不同的世界里进行各自的事业。在一 120
> 个世界里,物体受引力缓缓下落,在另一个世界里则是单摆重复运动……一个世界在平直的空间里,另一个则在弯曲的空间里。这两组科学家在不同的世界里工作,他们即使从同一点、往同一个方向看去,看到的东西也是不一样的。②

由这些分析,库恩得到了不可避免的结论。如果拥护不同范式的科学家们"生活在不同的世界里",那就确实很难相信,范式的更替怎么可能是一个理性的过程:

> 正是因为这是不可通约的事物之间的转化,处于竞争关系的

① Thomas Kuhn, *The Structures of Scientific Revolutions*, 2nd edn. (Chicago: University of Chicago Press, 1970), 149—150.

② 出处同上,150。

> 范式的变更，不会是在逻辑和中立经验的推动下逐步完成的。它必须像格式塔转换一样，是一次（但不一定是瞬间）完成的，否则就压根不会发生……我想要论证……在这些事情上，证据和错误都不是关键。从拥护一个范式到接受另一个范式，是一种不能被强迫的转变历程。①

使得人们相信新的范式离真理更近的那些理由，如果都不是范式转换的原因，那么该如何解释范式转换的发生呢？是什么驱使科学家不再拥护一个理论，转而接受另一个甚至都不能与之比较的理论呢？

库恩认为，部分的答案是科学家往往完全不做转变，而是顽固地抱住旧范式不放，虽然科学共同体的其他成员早就放弃了旧范式。即使他在极少数情况下，放弃了旧范式，这也往往是出于各种各样的原因：

> 一个科学家可以出于各种各样的原因接受新范式，而且原因通常不止一个。有的原因完全不属于科学领域（比如开普勒出于
> 121 太阳崇拜成为哥白尼主义者）。其他的则源于特定的个人经历和人格。甚至有些时候，创新者及其老师的国籍、以往的声望都会起到重要作用。②

库恩引用了马克斯·普朗克的《科学自传》，这位杰出的量子理论家写道：

> 一个新的科学真理获得胜利，不是因为说服了反对者，使他们醒悟，而是因为反对者最后都去世了，而熟悉这个真理的一代新人

① Thomas Kuhn, *The Structures of Scientific Revolutions*, 2nd edn. (Chicago: University of Chicago Press, 1970), 150—151.

② 出处同上，153。

> 成长了起来。[①]

库恩随即补充道,范式的变更无所谓合理不合理,并不意味着变更跟论证无关。他承认新范式的支持者们最常见的说法,就是新范式能够解决引发旧范式危机的问题。但他依然坚持,这样的说法本身往往是不够的,也并不总是正当的:

> 然而,范式之间争论的焦点其实并不是解决问题的能力,虽然争论双方常常以此为自己辩护,也是情有可原。相反,关键在于应该用哪个范式来指导以后对于问题的研究,其中有很多问题,竞争的双方都还没能彻底解决。所以,需要在不同的科研方式中做出抉择,而且在这种情况下,抉择依照的主要是将来的前景,而不是过去的成就……这样的抉择只能来自于信仰……虽然历史学家总能发现,有些人(比如普列斯特里)很不理智,至死都在抗拒,但他不会发现这种抗拒在某一时刻变得不合逻辑乃至不科学。历史学家最多只能说,当该领域里的其他科学家都转向之后,这个仍在负隅顽抗的人事实上已经不再是科学家了。[②] 122

评判库恩的观点

如果库恩关于不可通约性的看法是正确的,那么从中能得出什么结论呢? 出于两个方面的原因,我们不能推论出弱建构主义:第一个问题是,很难理解库恩这种对于历史事实的看法,怎么能够支持弱建构主义这种以模态形式表达的观点:我们的证据**必然**不足以产生信念。其

① Thomas Kuhn, *The Structures of Scientific Revolutions*, 2nd edn. (Chicago: University of Chicago Press, 1970), 151.

② 出处同上, 157—158。

次,即使我们把这个问题放到一边,也不能就此得出结论说,我们的任何信念都不能用证据解释。库恩对科学史的经验研究,最多只能支持一个弱得多的观点:在科学史上的某些时刻(或关键时刻,或许多时刻),我们的证据不足以产生我们最终接受的信念。这跟弱建构主义想让我们相信的命题完全是两码事。

但是,这个应用范围受到很大限制的论点依然非常重要,所以即便有那些限制,能指出库恩论证的问题还是意义重大。

先由他最极端的观点开始:说贝拉明和伽利略处于"不同的世界",实在是荒诞不经。如果他们在同一个房间里谈话,那么在任何"世界"的相关意义上,他们都处于同一个世界。诚然,对于这个世界,他们各自相信的命题有所不同。但就此断定他们生活在不同的世界里,实际上是屈从于建构主义文献中随处可见的倾向,即混淆了表征的差别和表征对象的差别。

如果"不同世界"云云只是夸张的修辞手法,本身站不住脚,那对于不可通约性的更为谨慎的论断是否可靠呢?不可通约性的问题可以分为两种,一种是竞争范式的理论之间的**翻译**问题,另一种则是这些理
123 论的标准问题。

假如两个理论 T1 和 T2 不能被互相翻译,那么它们就在"概念上不可通约"。需要注意的是,说 T2 和 T1 不能被互相翻译,不等于说没有人能两个理论都理解,否则概念的不可通约性立刻就能被证明为错误:显然爱因斯坦既理解牛顿力学,也理解相对论。理论不可互相翻译的观点意思是说,不可能用一个理论的词汇表达另一个理论的代表性命题。

翻译失败的情况有两种:要么是部分的,要么是全面的。如果是全面的失败,那么没有任何 T2 的命题能在 T1 中表达,反之亦然;如果是部分的失败,就只有某些命题不能翻译。

如果范式的变更呈现出全面的翻译失败,那么范式变更就不大可

能是个理性的过程。这是因为,假如翻译的失败是全面的,那甚至都不可能确定两种理论对一个命题是否有异议。这样一来,也就不可能知道该如何合理地偏向其中一种理论。

部分的翻译失败和合理的范式变更,倒不一定有矛盾。因为后者所要求的,不过是对于竞争的理论里至少某些核心观点,可以进行有意义的比较。

但是连库恩本人都不否认,一个范式之所以代替另一个,常常是因为它能够更好地处理引发旧范式危机的问题。他只是坚持这种说法一般不足以解释范式变更,而且有时还是"不正当的",因为支持者们夸大了新范式对于那些问题的所谓优势。但是他并没有说(至少在他比较小心谨慎的时候)这种说法不可理喻。所以,全面的翻译失败可以排除了。

另外,在库恩自己给出的许多例子里,不同的理论都对某件事做出
了预测,人们可以依照这些预测,合理地选择偏向哪个理论。比如,即 124
便在托勒密主义和哥白尼主义的范式中,"行星"、"恒星"等词语的意思不同,但显然这两个范式还是有一系列的预测可以用中立的语言表达,而且哥白尼主义范式的预测更为准确。例子之一:我们称为"月球"的那个东西更像地球,而不像天球上的一个洞。例子之二:我们都同意是"恒星"的那些东西,其数量显然比你的理论预测的要多得多。诸如此类。

这样的例子(库恩自己就给出了许多),也对以下建议提出了疑问:处于竞争关系的范式,不可能被有意义地比较,因为它们对于科学问题如何解决的标准往往是不一样的。这里的问题在于,在库恩列举的很多例子里,我们没有看到什么对于标准的争议,只有对于预测的争议。

所以,尽管库恩的著作对于建构主义思想有很大影响,我们还是很难从中提取出对弱建构主义的令人信服的论证。

证据不能完全决定信念：迪昂论辅助假说

有的哲学家认为，这样的论证可以在20世纪初的法国物理学家和哲学家皮埃尔·迪昂的思想中找到。

假设某个实验观测的实际结果和你相信的理论预测的不一致：该理论预测指针将指向"十"，但实际上指针停留在零刻度上，一动不动。迪昂指出，这个观测结果并不一定就推翻了该理论。因为预测的观察
125 结果并不只是由该理论得出的，还依赖于有关实验设置的初始条件、实验设备情况的辅助假说，可能还有其他的论断。遇到难以解释的观测结果时，确实**有些东西**应该修正，但我们此时还不知道究竟是什么应该修正：也许是理论本身，也许是辅助假说。事实上，"确实是我们观测的结果太棘手，而不是我们出现了视觉上的错误"这个论断本身也可能需要修正。

迪昂论证说，单凭理性是没办法抉择应该修改什么的，所以科学研究中的信念修正不全是靠理性：其他因素也起到了作用。社会构建主义者在此之上补充说，这"其他因素"就是社会性的。

人们常常提到"蒯因—迪昂"的证据不能完全决定理论的论点，从而把这位法国物理学家的思想，同哈佛大学的语言、科学和逻辑哲学家威拉德·冯·奥曼·蒯因的思想联系起来。但蒯因从来没有赞成过"面对难以解释的现象，理性本身无法指明应该修正什么"的观点。他自己的看法要局限得多：无论我们为一个概括性结论搜集了怎样的证据，从**逻辑**的角度讲，该结论都有可能是错误的。

蒯因的想法产生的语境，是对科学理论命题的意义的一场争论，而不是信念修正的合理性。逻辑实证主义者坚称，科学里（关于电子、正电子之类）的理论命题，和关于可能的感觉经验内容的命题，是可以等

同的。但是，蒯因和一些别的哲学家后来都明确指出，关于不可观测的事物的命题，总是超出纯粹观察性的词汇所能表达的限度，因此，我们的任何感觉经验，都同任何理论命题之为错误在逻辑上没有矛盾。126

然而，这种关于理论命题之含义的观点，对于回答（当遇到棘手的经验现象时）怎样修正科学信念才更加合理的问题毫无帮助。伊恩·哈金正确地指出，蒯因的观点只是个逻辑观点：那些经验证据在形式上跟不止一个理论都是融贯的。这跟说证据**在合理性上**跟不止一个理论都是融贯的，并不是一回事。[①]

托马斯·内格尔曾经以生动有趣的方式表达了这一点：

> 假设我持有这样一个理论：经常吃巧克力奶油圣代能让我的体重每天减轻一磅。如果我只吃巧克力奶油圣代，而且每天早上称体重，那么我对于体重秤示数的解释，当然依赖于一套关于体重秤在放上不同重量的物体时会作何反应的力学理论。但这个解释不是基于我的饮食理论。假如我从日渐增长的读数得出结论说，我对冰淇淋的摄入改变了我的卫生间里的力学法则，还为了辩护这样的推论，援引蒯因的论断，即我们关于外在世界的全部命题不是一个个地单独表达感觉经验，而是作为整体表达感觉经验：这在哲学上就是愚蠢的。面对证据，有的修正是合理的，有的则是病态的。[②]

假如我们不能援引蒯因纯粹是逻辑上的观点，那么该如何辩护证据不能完全决定信念的观点呢？我认为答案是：我们没法为之辩护。

考虑一下迪昂的例子：一个天文学家，用他的望远镜观察天空，在那里发现了令他惊奇的东西，比如一颗在他所记录的星系中从未被发

① Hacking, *The Social Construction of What?* 73.

② Thomas Nagel, "The Sleep of Reason," *The New Republic*, October 12, 1998, 35.

现的恒星。迪昂认为，面对这个新发现，天文学家可以修正他的天文理论，也可以修正他对于望远镜工作原理的理论。他还认为，形成信念的
127 理性原则并不能指示他应该做出哪种修正。

但是，“我们在用望远镜观测天空时，既是在检验我们的天文学理论，也是**在同样程度上**检验我们的望远镜理论”，这种观点是荒诞的。有关望远镜的理论是由在地球上进行的大量实验所建立的，也同我们对于镜片、光和镜子的大量知识相吻合。要说在遇到出乎意料的天文观测时，合理的应对方式是修正我们对于望远镜的知识，这显然毫无道理。我的意思不是说我们永远不会修正我们对于望远镜的知识：当然可以想象有些情况恰好是要求这样。我的意思是，在使用望远镜的时候，即便我们对其工作原理、状况之类有所假定，但这**并不**意味着我们因此就是在检验我们的望远镜理论，因此不能得出结论说，单凭理性的考虑不能决定如何应对难以解释的经验。[①]

结　论

我们考察了对于“我们从来都不能够单用认识理由来解释信念”
128 的三个不同的论证，也找到了逐个反驳它们的理由。

① 至于如何理解确证关系，自然还有许多困难的问题。进一步的讨论参见 Ronald Giere, *Understanding Scientific Reasoning* (New York: Holt, Reinhart and Winston, 1984) and Clark Glymour, *Theory and Evidence* (Princeton: Princeton University Press, 1980)。

尾　　声

在这本书中，我们探讨了建构主义的核心信念，即知识是社会建构的产物，反映了偶然的社会需要和利益。我们还区分了该信念可能表达的三种有趣的观点，并且逐个考察了它们各自的理由。

从消极的方面说，看起来我们所考察的这些知识的建构主义观点，全都面临一些严重的反驳。真理的建构主义是不融贯的。合理性的建构主义也好不到哪里去。另外，对于"我们不能够只用认识理由来解释信念"这种看法，似乎也有决定性的反驳。

从积极的方面说，我们没能找到任何对于建构主义观点的好论证。像对合理性的相对主义的论证，尽管乍看起来很吸引人，却经不起仔细推敲。

最杰出的建构主义思想，比如在西蒙娜·德·波伏娃和安东尼·阿
皮亚的著作中[①]，揭示了有些我们误以为是天经地义的东西，其实只是 129
我们偶然的生活实践方式。这类思想之所以能有此发现，是因为遵循了优秀的科学推理的经典规则。但是当建构主义企图更进一步，推广

① 参见 Simone de Beauvoir, *The Second Sex*, trans. H.M. Parshley (New York: Knopf, 1953), K. Anthony Appiah and Amy Gutman, *Color Conscious: The Political Morality of Race* (Princeton: Princeton University Press, 1996)。

成为关于真理和知识的一般性理论，它就误入歧途了。至于这种一般化何以吸引了那么多拥趸，倒是个十分困难的问题。

它有一种吸引力是显而易见的：能够赋予人们权力。如果我们能预先知道，知识之所以是知识，无非是因为得到了我们偶然的社会价值的认可，那么任何所谓的知识，我们只要恰好不赞同它依赖的价值，就可以把它打发到一边。

但这只是把真正的问题推后了一步。这种对知识的恐惧是怎么来的？人们什么时候开始觉得需要抗拒知识的影响？

在美国，知识的建构主义观点和进步主义运动（比如后殖民主义、多元文化主义）密不可分，因为这些观点提供了哲学上的理由，来保护那些受到压迫的文化，避免它们的看法被指责为错误或不合理的。

但是，哪怕仅仅是从政治的角度，这样应用建构主义的思想大概也是不正确的：如果核心的认识概念范畴都无一例外地同特定的视角联系在一起，因而强势的一方不能批评受压迫的一方，那么出于同样的理由，受到压迫的一方也无法批评强势的一方。要避免这种近乎极度保守主义的结论，在我看来，唯一的办法就是接受双重标准：如果处于强势地位的人们持有某种可疑的观点（比如基督教的创始论），批评是可以的，但受到强势一方压迫的人们持有可疑的观点（比如祖尼人的创始论），就不能批评。

在直觉看来，事物本身是什么样子，在一定程度上独立于人们的意
130 见，而且对于事物本身的情况，我们可以获得在客观上合理的信念，这
些信念对任何能够理解相关证据的人都具有约束力，无论他们的社会
或文化视角如何。这些观念也许艰深难解，但是最近的哲学其实并没
131 有揭示摒弃它们的有力理由。

参考文献

Appiah, K. Anthony and Amy Gutman. *Color Conscious: The Political Morality of Race*. Princeton: Princeton University Press, 1996.

Aristotle, *On the Heavens*, translated by W. K. C. Guthrie. Cambridge: Cambridge University Press, 1939.

Barnes, Barry and David Bloor. ''Relativism, Rationalism and the Sociology of Knowledge.'' In Rationality and Relativism, ed. Martin Hollis and Steven Lukes, 21—46. Cambridge, Mass.: The MIT Press, 1982.

Bloor, David. *Knowledge and Social Imagery*, 1st edn. London: Routledge & Kegan Paul, 1976; 2nd edn., Chicago: University of Chicago Press, 1991.

Boghossian, Paul. ''What the Sokal Hoax Ought to Teach Us.'' *Times Literary Supplement*, December 13, 1996, 14—15.

—— ''How are Objective Epistemic Reasons Possible?'' *Philosophical Studies* 106 (2001): 1—40.

—— ''Blind Reasoning.'' *Proceedings of the Aristotelian Society, Supplementary Volume* 77 (2003): 225—248.

—— ''What is Relativism?'' In *Truth and Realism*, ed. M. Lynch and P. Greenough. Oxford: Oxford University Press, forthcoming.

Chabon, Michael. *The Amazing Adventures of Kavalier and Clay*. New York: Picador USA, 2000.

Cohen, Paul. *Set Theory and the Continuum Hypothesis*. New York: W. A.

Benjamin, 1966.

de Beauvoir, Simone. *The Second Sex*, trans. and ed. H. M. Parshley. New York: Knopf, 1953.

de Santillana, Giorgio. *The Crime of Galileo*. Chicago: University of Chicago Press, 1955.

Dupré, John. *The Disorder of Things: Metaphysical Foundations of the Disunity of Science*. Cambridge, Mass.: Harvard University Press, 1993.

Evans-Pritchard, E. E. *Witchcraft, Oracles and Magic among the Azande*. Oxford: Clarendon Press, 1937.

Feyerabend, Paul. *Against Method*, 3rd edn. New York: Verso, 1993.

Foucault, Michael. *The History of Sexuality, Volume 1: An Introduction*, trans. from the French by Robert Hurley. New York: Pantheon Books, 1978.

Frazer, James G. *The Golden Bough: A Study in Magic and Religion*, 3 edn., reprint of the 1911 edn. New York: Macmillan, 1980.

Fumerton, Richard. *Metaepistemology and Skepticism*. Lanham, Md.: Rowman & Littlefield, 1995.

Gettier, Edmund. "Is Justified True Belief Knowledge?" *Analysis* 23 (1963): 121—123.

Gibbard, Allan. *Wise Choices, Apt Feelings: A Theory of Normative Judgement*. Cambridge, Mass.: Harvard University Press, 1990.

Giere, Ronald. *Understanding Scientific Reasoning*, 2nd edn. New York: Holt, Reinhart and Winston, 1984.

Glymour, Clark. *Theory and Evidence*. Princeton: Princeton University Press, 1980.

Goodman, Nelson. *Ways of Worldmaking*. Indianapolis: Hackett Publishing Co., 1978.

—— "Notes on the Well-Made World." In *Starmaking: Realism, Anti-Realism, and Irrealism*, ed. Peter McCormick, 151—160. Cambridge, Mass.: The MIT Press, 1996.

Hacking, Ian. *The Social Construction of What?* Cambridge, Mass.: Harvard University Press, 1999.

Harman, Gilbert. *Change in View: Principles of Reasoning*. Cambridge, Mass.: MIT Press, 1986.

—— "Rationality." In his *Reasoning, Meaning, and Mind*, 9—45. Oxford: Clarendon Press, 1999.

—— and Judith Jarvis Thomson. *Moral Relativism and Moral Objectivity*. Cambridge, Mass.: Blackwell Publishers, 1996.

Herrnstein Smith, Barbara. "Cutting-Edge Equivocation: Conceptual Moves and Rhetorical Strategies in Contemporary Anti-Epistemology." *South Atlantic Quarterly* 101, no. 1 (2002): 187—212.

Kant, Immanuel. *Critique of Pure Reason*, trans. Norman Kemp Smith. New York: Macmillan, 1929.

Korsgaard, Christine. *The Sources of Normativity*. Cambridge: Cambridge University Press, 1996.

Kripke, Saul. *Naming and Necessity*. Cambridge, Mass.: Harvard University Press, 1980.

Kuhn, Thomas. *The Structure of Scientific Revolutions*, 2nd edn. Chicago: University of Chicago Press, 1970.

Kukla, André. *Social Constructivism and the Philosophy of Science*. London and New York: Routledge, 2000.

Latour, Bruno. "Ramses II, est-il mort de la tuberculose?" *La Recherche*, 307 (March, 1998).

—— and Steve Woolgar. *Laboratory Life: The Social Construction of Scientific Facts*. Beverly Hills, Calif.: Sage Publications, 1979.

Lennon, Kathleen. "Feminist Epistemology as Local Epistemology." *Proceedings of the Aristotelian Society, Supplementary Volume* 71 (1997): 37—54.

Nagel, Thomas. *The Last Word*. Oxford: Oxford University Press, 1997.

—— "The Sleep of Reason." *The New Republic*, October 12, 1998, 32—38.

Pickering, Andrew. *Constructing Quarks: A Sociological History of Particle Physics*. Chicago: University of Chicago Press, 1984.

Putnam, Hilary. *Realism with a Human Face*. Cambridge, Mass.: Harvard University Press, 1990.

Quine, W. V. O. "Truth by Convention." In his *The Ways of Paradox and Other Essays*. Cambridge, Mass.: Harvard University Press, 1966.

Rorty, Richard. "Mind-Body Identity, Privacy, and Categories." *Review of*

Metaphysics 19 (1965): 24—54.

—— *Philosophy and the Mirror of Nature*. Princeton: Princeton University Press, 1981.

—— ''Does Academic Freedom have Philosophical Presuppositions: Academic Freedom and the Future of the University.'' *Academe* 80, no. 6 (November—December 1994).

—— *Truth and Progress, Philosophical Papers, Volume 3*. New York: Cambridge University Press, 1998.

—— *Philosophy and Social Hope*. New York: Penguin, 1999.

Searle, John. *The Construction of Social Reality*. New York: The Free Press, 1995.

Shapin, Steven and Simon Schaffer. *Leviathan and the Air-Pump: Hobbes, Boyle, and the Experimental Life*. Princeton: Princeton University Press, 1985.

Sokal, Alan. ''Transgressing the Boundaries: Towards a Transformative Hermeneutics of Quantum Gravity.'' *Social Text* 46/47 (1996): 217—252.

—— and Jean Bricmont. *Fashionable Nonsense: Postmodern Intellectuals' Abuse of Science*. New York: Picador USA, 1998.

Stroud, Barry. ''Wittgenstein and Logical Necessity.'' In his *Meaning, Understanding and Practice: Philosophical Essays*, 1—16. Oxford: Oxford University Press, 2000.

The Editors of *Lingua Franca*, ed., *The Sokal Hoax*: *The Sham that Shook the Academy*. Lincoln, Nebr.: University of Nebraska Press, 2000.

White, Roger. ''Epistemic Permissiveness.'' *Philosophical Perspectives*, forthcoming.

Wittgenstein, Ludwig. *Philosophical Investigations*, trans. G. E. M. Anscombe. Oxford: Blackwell, 1953.

—— *On Certainty*, ed. G. E. M. Anscombe and G. H. von Wright, trans. Denis Paul and G. E. M. Anscombe. Oxford: Basil Blackwell, 1975.

—— *Remarks on the Foundations of Mathematics*, rev. edn., ed. G. H. von Wright, R. Rhees and G. E. M. Anscombe, trans. G.E.M. Anscombe. Cambridge, Mass.: The MIT Press, 1978.

索　引

（条目后的数字为原书页码，见本书边码）

Anyon, R.,安杨,罗杰,2
Appiah, A.,阿皮亚,安东尼,129
Austin, J.L.,奥斯汀,约翰·兰肖,103

Barnes, B.,巴恩斯,巴里,2
Bloor, D.,布鲁尔,戴维,2,72,113—114

Causation: problem for fact-constructivism,因果性:事实建构主义的因果性问题,38,45—46
Cogito,"我思故我在",116
conceptual Competence: problem for fact-constructivism,概念能力:事实建构主义的概念能力问题,39,44—46
constructivism: about facts,建构主义:事实的建构主义,22; about justification,合理性(证成)的建构主义,22; about knowledge,知识的建构主义,5—6,22—24; about rational explanation,理性解释的建构主义,23,11

de Beauvoir, S.,德·波伏娃,西蒙娜,129
Descartes, R.,笛卡尔,勒内,116
Description Dependence of Facts: defined,事实的描述依赖性:其定义,28
Disagreement: problem for fact-constructivism,异见:事实建构主义的异见问题,39,46—47
Duhem, P.,迪昂,皮埃尔,125—128
Dupré, J.,杜普雷,约翰,117—118

Epistemic Relativism: defined,认识相对主义:其定义,73

Equal Validity: defined,同等有效论:其定义,2
Evans-Pritchard, E.E.,埃文思—普理查德,爱德华·埃文,70—72,106
expressivism: epistemic, 表达主义:认识的表达主义,75,91—93; moral,道德的表达主义,49

Feyerabend, P.,费耶阿本德,保罗,2
Foucault, M.,福柯,米歇尔,28
Frazer, J.G.,弗雷泽,詹姆斯·乔治,70
Furmerton, R.,富梅顿,理查德,78—79,100

Gettier, E.,葛梯尔,爱德蒙,16
Gibbard, A.,吉伯德,艾伦,75
Goodman, N.,古德曼,尼尔森,7,27,32—35,41
Greenough, P.,格里诺,帕特里克,89
Gutman, A.,古特曼,艾米,129

Hacking, I.,哈金,伊恩,16,44,127
Harman, G.,哈曼,吉尔伯特,2,48,66

incommensurability, 不可通约性,120—121,123—125

Kant, Immanuel,康德,伊曼努尔,7,18,39—40
knowledge: classical conception of,知识:经典的知识观,15,20; Platonic definition of,柏拉图式的知识定义,15
Kripke, S.,克里普基,索尔,11
Kuhn, T.,库恩,托马斯,7,118—125
Kukla, A.,库克拉,安德烈,40

Latour, B.,拉图尔,布鲁诺,26,113
Law of Non-Contradiction,不矛盾律,40—41
LeBeau, S.,勒博,塞巴斯蒂安,1
Lennon, K.,列侬,凯瑟琳,6
Logical words: translation,逻辑词汇:其翻译,106
Lynch, M.,林奇,迈克尔,89

Moral Non-Absolutism: defined,道德非绝对主义:其定义,48
Moral Pluralism: defined,道德多元主义:其定义,51
Moral Relativism: defined,道德相对主义:其定义,49—50

Nagel, T.,内格尔,托马斯,53,81—82,127
Nietzsche, F.,尼采,弗雷德里希,7
Nihilism: moral,虚无主义:道德虚无主义,48—49
non-absolutism: epistemic,非绝对主

义:认识的非绝对主义,73,75—80;moral,道德的非绝对主义,48

objectivism: about facts,客观主义:事实的客观主义,22; about justification,合理性(证成)的客观主义,22; about rational explanation,理性解释的客观主义,22

Pascal, B.,帕斯卡尔,布莱兹,14
Pickering, A.,皮克林,安德鲁,113
Planck, M.,普朗克,马克斯,122
pluralism: epistemic,多元主义:认识的多元主义,89—91; moral,道德的多元主义,51
post-colonialism,后殖民主义,5
Putnam, H.,普特南,希拉里,7,27,35

Quine, W.V.O.,蒯因,威拉德·冯·奥曼,126—128

relativism: epistemic,相对主义:认识的相对主义,73; moral,道德的相对主义,49—50
Rorty, R.,罗蒂,理查德,7,27,29—32,41,42—47,51—52,55,59—63,69,94,109

Schaffer, S.,沙弗,西蒙,2
Schiffer, S.,希弗,斯蒂芬,117
Science Wars,科学战争,8
self-evident propositions,自明的命题,116—117
Shapin, S.,夏平,斯蒂芬,2
Smith, B. H.,史密斯,芭芭拉·赫恩斯坦,8
social constructivism: about facts,社会建构主义:事实的社会建构主义,16—19; about knowledge,知识的社会建构主义,19
Social Relativity of Descriptions: defined,描述的社会相对性:其定义,29
sociology of science knowledge,科学知识的社会学,113
Sokal Hoax,索卡尔恶作剧,8

Thomson, J. J.,汤姆森,朱迪斯·贾维斯,2

underdetermination,不能完全决定性,118,125
universality: of facts,普遍性:事实的普遍性,12—13; of justification,合理性(证成)的普遍性,13—16

White, R.,怀特,罗杰,101,110
Wittgenstein, L.,维特根斯坦,路德维希,7,69—70,78,80,108—109

Woolgar, S.,伍尔格,斯蒂夫,113

Zimmerman, L.,齐默曼,拉里,2

译后记

这是一本有点另类的哲学书。学院哲学的专著往往艰深专门，这本小书却力求深入浅出。分析哲学家几乎不谈后现代，博格西昂却认认真真地讨论了后现代思潮的核心：相对主义和建构主义。这本书居然还很受欢迎，不但在学界内部讨论甚多，而且出版不到十年，已经被翻译成了意、法、西、葡、德等多种文字。

换个角度看，本书也很正统。关注的问题（心灵与客观世界，知识，合理性）其实都是传统的哲学难题，写作的风格也体现了当代哲学最好的一面：条理清楚，论述严谨，耐心地分析和讨论问题，不故作高深。然而，正如晦涩不代表深刻，清晰也不等于浅显。有些章节并不易读，后半部尤为紧凑丰富，值得仔细读思。

同原著一样，译本也希望通达晓畅，无论读者是否具备专业背景，都能饶有兴味地读下去，享受思维的乐趣。但是译者学力有限，中文不佳，虽反复推敲，译文总会有些欠妥之处。有时为准确表达作者的论证，太贴近原文的结构，文字也就不免生硬。恳请读者批评指正。

本书的翻译工作得到了许多人的帮助，包括我的学友刘玮先生，孙骞谦先生，张辰女士，译林出版社的陈叶女士和陶泽慧先生。我的妻子江一苇女士细读了数稿，提出了许多宝贵建议。谨在此深表谢意。

刘鹏博

2015年9月

人文与社会译丛

第一批书目

1.《政治自由主义》(增订版),[美]J. 罗尔斯著,万俊人译 118.00 元
2.《文化的解释》,[美]C. 格尔茨著,韩莉译 89.00 元
3.《技术与时间:1. 爱比米修斯的过失》,[法]B. 斯蒂格勒著,裴程译 62.00 元
4.《依附性积累与不发达》,[德]A. G. 弗兰克著,高铦等译 13.60 元
5.《身处欧美的波兰农民》,[美]F. 兹纳涅茨基、W. I. 托马斯著,张友云译 9.20 元
6.《现代性的后果》,[英]A. 吉登斯著,田禾译 45.00 元
7.《消费文化与后现代主义》,[英]M. 费瑟斯通著,刘精明译 14.20 元
8.《英国工人阶级的形成》(上、下册),[英]E. P. 汤普森著,钱乘旦等译 168.00 元
9.《知识人的社会角色》,[美]F. 兹纳涅茨基著,郏斌祥译 49.00 元

第二批书目

10.《文化生产:媒体与都市艺术》,[美]D. 克兰著,赵国新译 49.00 元
11.《现代社会中的法律》,[美]R. M. 昂格尔著,吴玉章等译 39.00 元
12.《后形而上学思想》,[德]J. 哈贝马斯著,曹卫东等译 58.00 元
13.《自由主义与正义的局限》,[美]M. 桑德尔著,万俊人等译 30.00 元

14.《临床医学的诞生》,[法]M. 福柯著,刘北成译 55.00 元
15.《农民的道义经济学》,[美]J. C. 斯科特著,程立显等译 42.00 元
16.《俄国思想家》,[英]I. 伯林著,彭淮栋译 35.00 元
17.《自我的根源:现代认同的形成》,[加]C. 泰勒著,韩震等译 128.00 元
18.《霍布斯的政治哲学》,[美]L. 施特劳斯著,申彤译 49.00 元
19.《现代性与大屠杀》,[英]Z. 鲍曼著,杨渝东等译 59.00 元

第三批书目

20.《新功能主义及其后》,[美]J. C. 亚历山大著,彭牧等译 15.80 元
21.《自由史论》,[英]J. 阿克顿著,胡传胜等译 89.00 元
22.《伯林谈话录》,[伊朗]R. 贾汉贝格鲁等著,杨祯钦译 48.00 元
23.《阶级斗争》,[法]R. 阿隆著,周以光译 13.50 元
24.《正义诸领域:为多元主义与平等一辩》,[美]M. 沃尔泽著,褚松燕等译 24.80 元
25.《大萧条的孩子们》,[美]G. H. 埃尔德著,田禾等译 27.30 元
26.《黑格尔》,[加]C. 泰勒著,张国清等译 135.00 元
27.《反潮流》,[英]I. 伯林著,冯克利译 48.00 元
28.《统治阶级》,[意]G. 莫斯卡著,贾鹤鹏译 98.00 元
29.《现代性的哲学话语》,[德]J. 哈贝马斯著,曹卫东等译 78.00 元

第四批书目

30.《自由论》(修订版),[英]I. 伯林著,胡传胜译 69.00 元
31.《保守主义》,[德]K. 曼海姆著,李朝晖、牟建君译 58.00 元
32.《科学的反革命》(修订版),[英]F. 哈耶克著,冯克利译 68.00 元

33.《实践感》,[法]P. 布迪厄著,蒋梓骅译 75.00 元
34.《风险社会:新的现代性之路》,[德]U. 贝克著,张文杰等译 58.00 元
35.《社会行动的结构》,[美]T. 帕森斯著,彭刚等译 80.00 元
36.《个体的社会》,[德]N. 埃利亚斯著,翟三江、陆兴华译 15.30 元
37.《传统的发明》,[英]E. 霍布斯鲍姆等著,顾杭、庞冠群译 68.00 元
38.《关于马基雅维里的思考》,[美]L. 施特劳斯著,申彤译 78.00 元
39.《追寻美德》,[美]A. 麦金太尔著,宋继杰译 68.00 元

第五批书目

40.《现实感》,[英]I. 伯林著,潘荣荣、林茂、魏钊凌译 78.00 元
41.《启蒙的时代》,[英]I. 伯林著,孙尚扬、杨深译 35.00 元
42.《元史学》,[美]H. 怀特著,陈新译 89.00 元
43.《意识形态与现代文化》,[英]J. B. 汤普森著,高铦等译 79.00 元
44.《美国大城市的死与生》,[加]J. 雅各布斯著,金衡山译 78.00 元
45.《社会理论和社会结构》,[美]R. K. 默顿著,唐少杰等译 128.00 元
46.《黑皮肤,白面具》,[法]F. 法农著,万冰译 58.00 元
47.《德国的历史观》,[美]G. 伊格尔斯著,彭刚、顾杭译 58.00 元
48.《全世界受苦的人》,[法]F. 法农著,万冰译 17.80 元
49.《知识分子的鸦片》,[法]R. 阿隆著,吕一民、顾杭译 59.00 元

第六批书目

50.《驯化君主》,[美]H. C. 曼斯菲尔德著,冯克利译 88.00 元
51.《黑格尔导读》,[法]A. 科耶夫著,姜志辉译 98.00 元
52.《象征交换与死亡》,[法]J. 波德里亚著,车槿山译 68.00 元
53.《自由及其背叛》,[英]I. 伯林著,赵国新译 48.00 元

54.《启蒙的三个批评者》,[英]I. 伯林著,马寅卯、郑想译 48.00元
55.《运动中的力量》,[美]S. 塔罗著,吴庆宏译 23.50元
56.《斗争的动力》,[美]D. 麦克亚当、S. 塔罗、C. 蒂利著,李义中等译 31.50元
57.《善的脆弱性》,[美]M. 纳斯鲍姆著,徐向东、陆萌译 55.00元
58.《弱者的武器》,[美]J. C. 斯科特著,郑广怀等译 82.00元
59.《图绘》,[美]S. 弗里德曼著,陈丽译 49.00元

第七批书目

60.《现代悲剧》,[英]R. 威廉斯著,丁尔苏译 45.00元
61.《论革命》,[美]H. 阿伦特著,陈周旺译 59.00元
62.《美国精神的封闭》,[美]A. 布卢姆著,战旭英译,冯克利校 89.00元
63.《浪漫主义的根源》,[英]I. 伯林著,吕梁等译 49.00元
64.《扭曲的人性之材》,[英]I. 伯林著,岳秀坤译 69.00元
65.《民族主义思想与殖民地世界》,[美]P. 查特吉著,范慕尤、杨曦译 18.00元
66.《现代性社会学》,[法]D. 马尔图切利著,姜志辉译 32.00元
67.《社会政治理论的重构》,[美]R. J. 伯恩斯坦著,黄瑞祺译 72.00元
68.《以色列与启示》,[美]E. 沃格林著,霍伟岸、叶颖译 128.00元
69.《城邦的世界》,[美]E. 沃格林著,陈周旺译 85.00元
70.《历史主义的兴起》,[德]F. 梅尼克著,陆月宏译 48.00元

第八批书目

71.《环境与历史》,[英]W. 贝纳特、P. 科茨著,包茂红译 25.00元
72.《人类与自然世界》,[英]K. 托马斯著,宋丽丽译 35.00元

73.《卢梭问题》,[德]E. 卡西勒著,王春华译 39.00 元
74.《男性气概》,[美]H. C. 曼斯菲尔德著,刘玮译 28.00 元
75.《战争与和平的权利》,[美]R. 塔克著,罗炯等译 25.00 元
76.《谁统治美国》,[美]W. 多姆霍夫著,吕鹏、闻翔译 35.00 元
77.《健康与社会》,[法]M. 德吕勒著,王鲲译 35.00 元
78.《读柏拉图》,[德]T. A. 斯勒扎克著,程炜译 68.00 元
79.《苏联的心灵》,[英]I. 伯林著,潘永强、刘北成译 59.00 元
80.《个人印象》,[英]I. 伯林著,覃学岚译 88.00 元

第九批书目

81.《技术与时间:2. 迷失方向》,[法]B. 斯蒂格勒著,赵和平、印螺译 59.00 元
82.《抗争政治》,[美]C. 蒂利、S. 塔罗著,李义中译 28.00 元
83.《亚当·斯密的政治学》,[英]D. 温奇著,褚平译 21.00 元
84.《怀旧的未来》,[美]S. 博伊姆著,杨德友译 85.00 元
85.《妇女在经济发展中的角色》,[丹]E. 博斯拉普著,陈慧平译 30.00 元
86.《风景与认同》,[美]W. J. 达比著,张箭飞、赵红英译 79.00 元
87.《过去与未来之间》,[美]H. 阿伦特著,王寅丽、张立立译 58.00 元
88.《大西洋的跨越》,[美]D. T. 罗杰斯著,吴万伟译 108.00 元
89.《资本主义的新精神》,[法]L. 博尔坦斯基、E. 希亚佩洛著,高铦译 58.00 元
90.《比较的幽灵》,[美]B. 安德森著,甘会斌译 79.00 元

第十批书目

91.《灾异手记》,[美]E. 科尔伯特著,何恬译 25.00 元

92.《技术与时间:3. 电影的时间与存在之痛的问题》,
[法]B. 斯蒂格勒著,方尔平译 65.00 元
93.《马克思主义与历史学》,[英]S. H. 里格比著,吴英译 78.00 元
94.《学做工》,[英]P. 威利斯著,秘舒、凌旻华译 68.00 元
95.《哲学与治术:1572—1651》,[美]R. 塔克著,韩潮译 45.00 元
96.《认同伦理学》,[美]K. A. 阿皮亚著,张容南译 45.00 元
97.《风景与记忆》,[英]S. 沙玛著,胡淑陈、冯樨译 78.00 元
98.《马基雅维里时刻》,[英]J. G. A. 波考克著,冯克利、傅乾译 108.00 元
99.《未完的对话》,[英]I. 伯林、[波]B. P.-塞古尔斯卡著,
杨德友译 65.00 元
100.《后殖民理性批判》,[印]G. C. 斯皮瓦克著,严蓓雯译 79.00 元

第十一批书目

101.《现代社会想象》,[加]C. 泰勒著,林曼红译 45.00 元
102.《柏拉图与亚里士多德》,[美]E. 沃格林著,刘曙辉译 78.00 元
103.《论个体主义》,[法]L. 迪蒙著,桂裕芳译 30.00 元
104.《根本恶》,[美]R. J. 伯恩斯坦著,王钦、朱康译 78.00 元
105.《这受难的国度》,[美]D. G. 福斯特著,孙宏哲、张聚国译 39.00 元
106.《公民的激情》,[美]S. 克劳斯著,谭安奎译 49.00 元
107.《美国生活中的同化》,[美]M. M. 戈登著,马戎译 58.00 元
108.《风景与权力》,[美]W. J. T. 米切尔著,杨丽、万信琼译 78.00 元
109.《第二人称观点》,[美]S. 达沃尔著,章晟译 69.00 元
110.《性的起源》,[英] F. 达伯霍瓦拉著,杨朗译 85.00 元

第十二批书目

111.《希腊民主的问题》,[法]J. 罗米伊著,高煜译　48.00 元
112.《论人权》,[英]J. 格里芬著,徐向东、刘明译　75.00 元
113.《柏拉图的伦理学》,[英]T. 埃尔文著,陈玮、刘玮译　118.00 元
114.《自由主义与荣誉》,[美]S. 克劳斯著,林垚译　62.00 元
115.《法国大革命的文化起源》,[法]R. 夏蒂埃著,洪庆明译　38.00 元
116.《对知识的恐惧》,[美]P. 博格西昂著,刘鹏博译　59.00 元
117.《修辞术的诞生》,[英]R. 沃迪著,何博超译　59.00 元
118.《历史表现中的真理、意义和指称》,[荷]F. 安克斯密特著,周建漳译　58.00 元
119.《天下时代》,[美]E. 沃格林著,叶颖译　78.00 元
120.《求索秩序》,[美]E. 沃格林著,徐志跃译　48.00 元

第十三批书目

121.《美德伦理学》,[新西兰]R. 赫斯特豪斯著,李义天译　68.00 元
122.《同情的启蒙》,[美]M. 弗雷泽著,胡靖译　48.00 元
123.《图绘暹罗》,[美]T. 威尼差恭著,袁剑译　76.00 元
124.《道德的演化》,[新西兰]R. 乔伊斯著,刘鹏博、黄素珍译　65.00 元
125.《大屠杀与集体记忆》,[美]P. 诺维克著,王志华译　78.00 元
126.《帝国之眼》,[美]M. L. 普拉特著,方杰、方宸译　68.00 元
127.《帝国之河》,[美]D. 沃斯特著,侯深译　76.00 元
128.《从道德到美德》,[美]M. 斯洛特著,周亮译　58.00 元
129.《源自动机的道德》,[美]M. 斯洛特著,韩辰锴译　58.00 元
130.《理解海德格尔:范式的转变》,[美]T. 希恩著,邓定译　89.00 元

第十四批书目

131.《城邦与灵魂:费拉里〈理想国〉论集》,[美]G. R. F. 费拉里著,刘玮编译 69.00 元
132.《人民主权与德国宪法危机》,[美]P. C. 考威尔著,曹晗蓉、虞维华译 58.00 元
133.《16 和 17 世纪英格兰大众信仰研究》,[英]K. 托马斯著,芮传明、梅剑华译 168.00 元
134.《民族认同》,[英]A. D. 史密斯著,王娟译 55.00 元
135.《世俗主义之乐:我们当下如何生活》,[英]G. 莱文编,赵元译 58.00 元
136.《休谟的人生智慧》,[英]J. 巴吉尼著,杨春丽译 68.00 元
137.《自由意志、能动性与生命的意义》,[美] D. 佩里布姆著,张可译 69.00 元
138.《自由与多元论:以赛亚·伯林思想研究》,[英]G. 克劳德著,应奇等译 58.00 元
139.《暴力:思无所限》,[美]R. J. 伯恩斯坦著,李元来译 59.00 元
140.《中心与边缘:宏观社会学论集》,[美]E. 希尔斯著,甘会斌、余昕译 88.00 元

第十五批书目

141.《自足的世俗社会》,[美]P. 朱克曼著,杨靖译 58.00 元
142.《历史与记忆》,[英]G. 丘比特著,王晨凤译 59.00 元
143.《媒体、国家与民族》,[英]P. 施莱辛格著,林玮译 68.00 元
144.《道德错误论:历史、批判、辩护》,

[瑞典]J. 奥尔松著，周奕李译　58.00 元

145.《废墟上的未来：联合国教科文组织、世界遗产与和平之梦》，[澳]L. 梅斯克尔著，王丹阳、胡牧译　88.00 元

146.《为历史而战》，[法]L. 费弗尔著，高煜译　98.00 元

147.《康德与现代政治哲学》，[英]K. 弗利克舒著，徐向东译　58.00 元

148.《我们中的我：承认理论研究》，[德]A. 霍耐特著，张曦、孙逸凡译　69.00 元

149.《人文学科与公共生活》，[美]P. 布鲁克斯、H. 杰维特编，余婉卉译　52.00 元

150.《美国生活中的反智主义》，[美]R. 霍夫施塔特著，何博超译　68.00 元

第十六批书目

151.《关怀伦理与移情》，[美]M. 斯洛特著，韩玉胜译　48.00 元

152.《形象与象征》，[罗]M. 伊利亚德著，沈珂译　48.00 元

153.《艾希曼审判》，[美]D. 利普斯塔特著，刘颖洁译　49.00 元

154.《现代主义观念论：黑格尔式变奏》，[美]R. B. 皮平著，郭东辉译(即出)

155.《文化绝望的政治：日耳曼意识形态崛起研究》，[美]F. R. 斯特恩著，杨靖译　98.00 元

156.《作为文化现实的未来：全球现状论集》，[印]A. 阿帕杜莱著，周云水、马建福译(即出)

157.《一种思想及其时代：以赛亚·伯林政治思想的发展》，[美]J. L. 彻尼斯著，寿天艺、宋文佳译　88.00 元

158.《人类的领土性：理论与历史》，[美]R. B. 萨克著，袁剑译(即出)

159.《理想的暴政:多元社会中的正义》,[美]G. 高斯著,范震亚译(即出)
160.《荒原:一部文化史》,[美]V. D. 帕尔玛著,梅雪芹等译 88.00 元

第十七批书目

161.《浪漫派为什么重要》,[美]P. 盖伊著,王燕秋译 49.00 元
162.《欧美思想中的自治》,[美]J. T. 克洛彭伯格著,褚平译(即出)
163.《冲突中的族群》,[美]D. 霍洛维茨著,魏英杰、段海燕译(即出)
164.《八个欧洲中心主义历史学家》,[美]J. M. 布劳特著,杨卫东译(即出)
165.《记忆之地,悼念之地》,[美]J. 温特著,王红利译(即出)
166.《20 世纪的战争与纪念》,[美]J. 温特著,吴霞译(即出)
167.《病态社会》,[美]R. B. 埃杰顿著,杨靖、杨依依译(即出)
168.《种族与文化的少数群体》,[美]G. E. 辛普森、J. M. 英格尔著,马戎、王凡妹等译(即出)
169.《美国城市新主张》,R. H. 普拉特著,周允程译(即出)
170.《五种官能》,[法]M. 塞尔著,徐明译(即出)